应用型本科系列规划教材

热工过程自动控制

李 洁 编著

西北工业大学出版社

西安

【内容简介】 本书介绍了自动控制系统的基本概念,自动控制系统的基本分析方法,简单与复杂控制系统、计算机自动控制系统的基本知识。在此基础上,对中央空调水系统、空气调节系统、锅炉汽包给水系统的基本构成及对在这些工程实践中采用的基本控制思想、基本控制系统进行了分析说明。书中内容注重过程控制中的基本概念在实践工程中的应用。

本书可作为高等院校建筑环境与能源应用工程、能源动力与应用工程等专业的教材,也可供从事供暖通风、制冷空调、楼宇控制、建筑电气工程、建筑设备自动化工程、能源动力工程等相关技术人员阅读与参考。

图书在版编目(CIP)数据

热工过程自动控制 / 李洁编著 . —西安:西北工
业大学出版社,2020.12
ISBN 978 - 7 - 5612 - 7345 - 6

Ⅰ.①热… Ⅱ.①李… Ⅲ.①热工自动控制-高等学
校-教材 Ⅳ.①TK32

中国版本图书馆 CIP 数据核字(2020)第 198633 号

REGONG GUOCHENG ZIDONG KONGZHI
热 工 过 程 自 动 控 制

责任编辑:李阿盟　王 尧		策划编辑:蒋民昌	
责任校对:胡莉巾		装帧设计:李 飞	

出版发行:西北工业大学出版社
通信地址:西安市友谊西路 127 号　　　　邮编:710072
电　　话:(029)88491757,88493844
网　　址:www.nwpup.com
印 刷 者:兴平市博闻印务有限公司
开　　本:787 mm×1 092 mm　　　1/16
印　　张:9
字　　数:236 千字
版　　次:2020 年 12 月第 1 版　　2020 年 12 月第 1 次印刷
定　　价:30.00 元

前　言

　　为进一步提高应用型本科高等教育的教学水平,促进应用型人才的培养工作,提升学生的实践能力和创新能力,提高应用型本科教材的建设和管理水平,西安航空学院与国内其他高校、科研院所、企业进行深入探讨和研究,编写了"应用型本科系列规划教材",包括《热工过程自动控制》共计 30 种。本系列教材的出版,将对基于生产实际,符合市场人才的培养工作起到积极的促进作用。

　　本书是根据全国高等学校建筑环境与能源应用工程专业指导委员会、能源与动力工程专业指导委员会对专业教学模块内容的指导意见,结合应用型本科专业建设指导思想,以"概念准确、基础扎实、突出应用、淡化过程"为基本原则进行编写的。

　　全书共 10 章,分为两大部分,第一部分是第 1～6 章,主要讲述自动控制系统的基本知识;第二部分为第 7～10 章,主要讲述中央空调系统及锅炉汽包给水系统典型热工过程中的工程控制思想和基本控制方案。本书的目的是让学生通过学习能对建筑设备自动化、能源与动力工程自动化有一定认知,提高其对相关自控工程技术方案的设计能力及系统的运行维护管理能力,同时能够了解相关热工过程控制研究的主要内容与发展方向。

　　在本书编写过程中,还积极听取了陕西融盛机电科技有限公司、西安秦华热力公司、大唐陕西发电有限公司技术总监或相关项目负责人的建议,依据企业提出的"能学习、能动手,能积极适应新技术与推广"的人才的培养建议,在内容编写上尽量做到"拓宽知识面、注重基本概念、突出工程应用",并根据具体建议对工程系统的控制策略中所包含的自动控制原理基础知识进行了分析、讲解。在此对上述人员表示特别感谢。

　　本书由西安航空学院能源与建筑学院李洁编著。在此谨向所有引用文献资料的作者表示衷心的感谢。

　　由于水平有限,书中难免存在不足之处,敬请读者批评指正。

编著者
2020 年 6 月

目　　录

第1章　自动控制系统的基本概念 ··· 1

1.1　自动控制系统的基本组成及工作原理 ································· 1

1.2　自动控制系统的分类 ··· 5

第2章　自动控制系统的数学模型描述 ·· 10

2.1　微分方程描述 ·· 10

2.2　传递函数描述 ·· 17

2.3　自动控制系统的典型环节 ·· 20

2.4　框图 ·· 22

第3章　自动控制系统的过渡过程及性能指标 ······································ 29

3.1　单位阶跃响应曲线 ·· 29

3.2　过渡过程的基本形式 ·· 31

3.3　控制系统的性能指标 ·· 32

第4章　单回路控制系统 ·· 36

4.1　被控对象 ·· 36

4.2　测量变送器 ·· 42

4.3　执行器 ·· 43

4.4　控制器 ·· 54

4.5　单回路控制系统的设计 ·· 59

第5章　常用复杂控制系统 ·· 62

5.1　串级控制 ·· 62

5.2　前馈控制 ·· 64

5.3　比值控制 ·· 70

5.4　分程控制 ·· 73

第 6 章　计算机控制系统 ································· 76

　6.1　计算机控制系统的组成 ····················· 76

　6.2　计算机控制系统的分类 ····················· 79

　6.3　计算机控制系统的结构形式 ················· 81

第 7 章　空调水系统的自动控制 ··············· 85

　7.1　空调水系统概述 ························· 85

　7.2　空调水系统分类及其控制 ··················· 88

　7.3　冷冻水循环系统控制 ····················· 91

　7.4　冷却水循环系统控制 ····················· 98

　7.5　中央空调冷源系统 ······················· 100

第 8 章　空调系统的自动控制 ················· 103

　8.1　空调自动控制系统概述 ····················· 103

　8.2　新风机组的自动控制 ····················· 104

　8.3　风机盘管系统及控制 ····················· 108

　8.4　定风量空调机组系统的自动控制 ············· 110

第 9 章　变风量空调系统的自动控制 ··········· 118

　9.1　变风量空调自动控制系统 ··················· 118

　9.2　变风量末端装置 ························· 118

　9.3　送风机的控制 ··························· 126

　9.4　回风机的控制 ··························· 129

　9.5　送风温度的调节 ························· 129

第 10 章　汽包锅炉给水自动控制 ·············· 130

　10.1　给水控制对象的动态特性 ················· 131

　10.2　给水自动控制系统 ····················· 133

参考文献 ································· 137

第1章 自动控制系统的基本概念

自动控制最初称为自动调节,它是在人工调节(控制)的基础上产生和发展起来的。自动控制就是利用各类自动控制装置和仪表(包括工业控制计算机)代替人的操作,使生产过程(机器设备)能够自动地按预定的规律运行,并使工作对象的某些参数(如温度、压力、流量、电流、电压、转速等)能按照预定的要求变化或在一定的精度范围内保持恒定,如无人驾驶飞机按照预定的航迹自动升降和飞行,锅炉汽包水位维持在一定范围内,以保持生产工艺车间的温、湿度为恒定值等。这种为了实现预定目标,将生产过程或机器设备与自动控制装置和仪表按照一定的方式连接起来组成的具有一定功能的整体就称为自动控制系统。

自动控制对实现生产过程自动化、提高产品质量、降低生产成本和能耗、降低劳动强度、改善操作条件、保证生产安全有着非常重要的作用。

1.1 自动控制系统的基本组成及工作原理

在热工过程中,一些重要的工艺参数如压力、温度、液位等在运行中总会受到各种各样的因素影响而偏离所要求的值,因此就要求运行操作人员根据实际情况随时加以控制,通过人工控制的调控作用,使生产过程或机器设备按照期望发生变化,实现预定目标。

如图1-1所示的恒温室,其工作要求是保证室内温度恒定不变并等于期望值。在保证送风量不变的情况下,恒温室的温度由送风温度决定,送风经过热水加热器后送往恒温室,用以改变室内温度,但实际上由于多种因素的影响,室内温度不可能始终保持恒定不变,这时就需要通过人工调节以保证室温恒定并等于期望值。

恒温室温度人工调节过程如下:

(1)根据实际生产要求,室内温度须保持恒定,这个恒定的温度值称为设定值或给定值。给定值反映了恒温室温度人工调节系统的调节目标或预期目标。

(2)用温度计检测室温实际值,操作人员将室温实际值与给定值进行比较,若实际温度低于给定温度,则增大热水调节阀的开度,热水流量增大,送风温度升高,室温上升;若实际温度高于给定温度,则减小热水阀的开度,热水流量减少,送风温度降低,室温降低。

(3)根据室温调节预期目标,操作人员反复进行上述调节过程的操作,就可使室内温度逐渐趋于给定值,实现室温恒定。

上述恒温室温度人工调节过程可以用图1-2表示,该图即为恒温室温度人工调节原理方框图。在该室温人工调节过程中,可以分析出操作人员的作用主要有三个方面:监视职能,用眼睛观察温度计,并将读取的室温实际值存入大脑;分析判断职能,操作人将室温实际值与预期目标进行比较后,判断是否要改变热水阀开度,并计算出热水阀开度的变化量;操作职能,根据这个计算量,指挥操作人员手调节热水阀的开度。

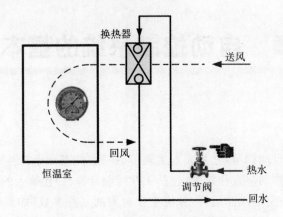

图 1-1 恒温室温度人工调节系统

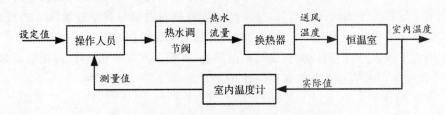

图 1-2 恒温室温度人工控制系统方框图

如果用机械或电气等装置替代操作人员的这三方面的职能,就可实现对恒温室温度的自动调节。恒温室温度自动控制系统如图 1-3 所示,其室温自动控制过程可描述如下:

(1)室温设定值对应某一电信号值作为温度控制器 TC 的输入量。

(2)温度测量变送器 TT 将实际温度信号检测出并转换为标准电信号传送至温度控制器 TC。

(3)在温度控制器 TC 内,首先将温度测量变送值与设定值(即输入量)进行比较得到两者的偏差,然后对温度偏差信号进行某种运算后,转换成标准信号输出。

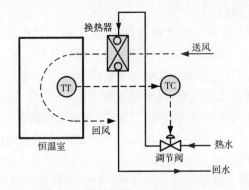

图 1-3 恒温室温度自动控制系统

(4)温度控制器的 TC 输出信号作用于热水调节阀上,改变热水调节阀的开度,使热水流量发生相应变化,从而改变送风温度,最终实现对恒温室室温的调节。如果室温实际值等于室温设定值,控制器得到的偏差信号就为零,控制器的输出信号也就为零,阀的开度就不会改变,送风温度不变,室内温度保持恒定。

通过对比恒温室自动控制系统与人工调节系统可以看出,温度测量变送器相当于操作人员的眼睛,它用于检测实际温度值并将该实际值传送至控制器;温度控制器相当于操作人员的大脑,它将实际值与目标值进行比较,并完成相应运算,输出控制信号;电动调节阀则相当于操作人员的手脚,它根据控制器的输出信号,调节热水流量以改变送风温度,电动调节阀执行了来自控制器的命令,因此相对于控制器而言,调节阀也称为执行器。这样恒温室温度自动控制系统就可用方框图 1-4 表示。由方框图 1-4 可以看出,一个恒温室室温自动控制系统至少必须包含温度测量变送器、温度控制器、热水调节阀和恒温室四个基本部分。

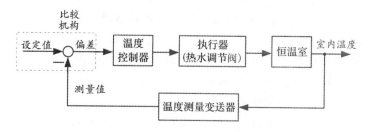

图 1-4　恒温室温度自动控制系统方框图

综上所述,一个自动控制系统的基本组成及其控制原理可用图 1-5 表示,它表明一个自动控制系统通常是由被控对象(如恒温室)、测量变送器、控制器以及执行器四个基本部分组成。图 1-5 中的每个方框表示系统的一个组成部分,方框也常称为环节,方框之间的箭头表示前者的输出为后者的输入,进入方框的信号为环节输入,离开方框的为环节输出。方框图反映了自动控制系统各组成部分之间的相互影响、信号联系及环节、系统的特性。自动控制系统的方框图是一种能够直观表明自动控制系统基本组成及其控制原理的结构图。

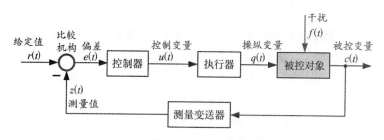

图 1-5　自动控制系统方框图

自动控制系统在其工作过程中会受到两种外部作用:一种是有用信号,即给定值,反映的是控制目标;另一种是无用信号,即干扰。

工业过程控制系统通常将控制器、执行器、测量变送器统称为过程仪表或自动化仪表。因此过程控制系统也可以说是由自动化仪表与被控对象组成的。

在自动控制系统中,环节是构成系统的单元,构成系统的单元也可能是一个子系统,一个子系统可能是一个大系统的环节。环节之间的相互作用就是它们之间存在的信息联系。研究问题的侧重点不同,系统与环节之间的关系也不同,某些场合下系统本身就是一个环节,而环节又可能是一个系统,因此系统与环节之间没有本质区别。例如,在自动控制系统中,测量变送环节又可分为检测环节和变送环节,因此测量变送环节也可称为测量变送系统;在整个锅炉控制系统中,汽包水位控制系统、过热蒸汽温度控制系统、燃烧自动控制系统都是锅炉控制系统中的一个环节。在分析系统的过程中,常常会将一个系统等效为一个环节,也可能对某个环节进行深入分析,看它由几个部分组成,此时该环节就演变为一个系统了。

现将自动控制系统中四个基本环节描述如下:

(1)控制器。控制器又称为调节器,在自动控制系统中控制器的作用是将被控量的实测值与给定值进行比较、检测偏差并对偏差进行运算,然后按照预定的控制规律发出控制指令对执行器的动作进行控制。控制器一般具有给定、比较、指示、运算和操作功能。

比较机构为控制器的一部分,其作用是计算设定值与测量值之间的偏差。在自动控制系统方框图中为了能清楚表明控制器的比较功能,通常将其单独画出,以方便系统的分析。在方框图中,比较机构用○或 ⊗ 表示。

(2)执行器。在自动控制系统中,执行器接受来自控制器的输出信号,并将该信号转变为操作量以改变流入或流出控制对象的物料量或能量,达到控制温度、压力、流量、液位、湿度等工艺参数的目的,执行器是自动控制系统的"手脚"。

(3)测量变送器。测量变送器就是安装在工业现场的传感器及变送器,传感器也叫作敏感元件。测量变送器能实现对被控量信号的检测和远距离传输,并将检测到的被控参数的实际值转变为与设定值同性质的信号,传送至控制器中与设定值进行比较并求取偏差。测量变送器的输出信号称为测量值。

(4)被控对象。被控对象简称对象,即控制对象或被调对象,一般是工业生产过程中需要进行控制的设备、装置或生产过程,例如空调房间、锅炉、压缩机等。

在图 1-5 自动控制系统方块图中,各个环节的输入、输出信号及其符号说明如下:

(1)给定值 $r(t)$。给定值又称为输入量或设定值,一般加在系统的输入端,是系统的输入信号。设定值是与被控参数的工艺规定值相对应的信号值,表示自动控制系统的控制目标或期望值。

(2)测量值 $z(t)$。测量值是测量变送器的输出信号,也是自动控制系统的反馈信号,反映被控变量 $c(t)$ 实际值的大小。系统的输出信号通过测量变送器送回到系统的输入端,并与输入量相比较(给定值与实际值相比较),称为反馈。给定值与测量值相加称为正反馈,相减称为负反馈。图 1-5 为典型的负反馈自动控制系统原理图。

(3)偏差 $e(t)$。设定值与被控变量测量值之差称为系统的偏差。在自动控制系统中,一般规定 $e(t)=r(t)-z(t)$,偏差反映了系统输出量的实际值与期望值之差。

(4)控制变量 $u(t)$。控制变量简称控制量,是控制器的输出信号。控制器根据偏差信号按照预先设定好的规律输出制信号,以实现对执行机构的驱动。

(5)操纵变量 $q(t)$。操纵变量简称操纵量,即调节量是执行器的输出信号,用于改变控制对象的状态,从而实现对被控变量的控制。

(6)扰动量 $f(t)$。扰动量又称为干扰作用,除控制量或调节量以外引起被控参数变化的所有作用因素都可视为干扰。产生于系统内部的扰动称为内扰动,产生于系统外部的扰动称为外扰动。

干扰对系统产生的都是负面影响,总会使系统的被控变量偏离设定值,使系统实际工作情况偏离其控制目标。实际系统中存在着各种干扰,且扰动可以作用于系统中的任何一个部分,在方框图中为表示方便,常把所有扰动集中起来,用一个作用在被控对象上的箭头表示。

(7)被控变量 $c(t)$。被控变量又称被控参数,是系统的输出量。被控变量是被控对象中要求按预定规律变化的物理量,如恒温室温度控制系统中的温度就是被控参数。

典型的热工过程自动控制系统可以用图 1-6 表示。热工过程自动控制就是为保证热工过程或热工设备的正常运行,对一些重要的热工参数如温度、湿度、压力、流量、液位等进行实时在线监测和自动调节的过程。

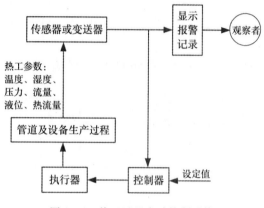

图 1-6　热工过程自动控制系统

1.2　自动控制系统的分类

随着自动控制技术的发展,产生了各种各样的自动控制系统,相应地也就有了控制系统的各种分类方法。不同的分类方法,其描述控制系统特征的侧重点不同。以下按照控制结构、给定值的变化规律、控制计算装置类型分别予以叙述。

1.2.1　按照控制结构分类

按照控制原理尤其是控制系统内部结构设计的不同,自动控制系统可以分为开环和闭环的两大类。

1. 开环控制系统

开环控制系统是一种简单的控制系统。开环控制的特点是只有输入量对输出量的单方向控制,系统输出量与输入量之间没有反向联系,即不需要对被控量进行测量,系统中没有反馈控制作用。开环控制系统可以按给定值控制方式组成,也可以按扰动控制方式组成。

按给定值控制的开环控制系统如图 1-7 所示,其控制作用直接由系统的输入量产生,即给定一个输入信号,就有一个输出信号与之相对应。在这种控制系统中,当对象或控制装置受到干扰,或工作过程系统的特性参数发生变化时,就会直接影响被控参数,系统没有自动修正偏差的能力,抗扰动性较差,系统控制精度的好坏完全取决于所用的元件及校准的精度。但由于其结构简单、调整方便、成本低,所以在控制质量要求不高或扰动影响较小的情况下,这种控制方式还有一定的实用价值。目前用于国民经济各部门的一些自动化装置,如自动售货机、自动洗衣机、产品生产自动线、指挥交通的红绿灯的转换等,一般都是开环控制系统。

按扰动控制的开环系统如图 1-8 所示,它是通过测量破坏系统正常工作的干扰量,利用干扰量产生一种补偿控制作用,以减小或抵消干扰对输出量影响的控制方式。由于这种控制方式是直接从干扰处取得信息,并根据干扰信号来改变被控量,所以也称为前馈控制,相应的系统的控制器也就叫做前馈控制器或补偿器。这种控制只适用于扰动可测量的场合,对于不可测量的干扰、控制对象或各功能部件内部参数变化造成被控量的变化则无能为力。

图 1-7 按给定值控制的开环控制系统方框图

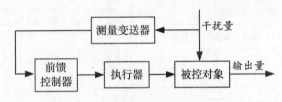

图 1-8 前馈控制系统方框图

由图 1-8 可以看出,当干扰信号作用于被控对象时,干扰信号到输出量之间存在着两个信号传递通道。一个是干扰信号通过被控对象直接影响输出量,这个通道称为干扰通道;另一个是干扰信号经过测量变送器和前馈控制器产生调节作用,进而影响输出量,称为调节通道或补偿通道。

总之,开环控制系统的控制精度不高,抗干扰能力差,一般只用于干扰不大,且控制精度要求不高的场合。

2. 闭环控制系统

闭环控制系统如图 1-9 所示。闭环控制系统的输出量与输入量之间既存在着正向作用,也存在着反向作用。闭环控制系统的特点是系统存在反馈,反馈就是把环节或系统的输出信号送回到其输入端,并与输入信号进行比较的过程。反馈的作用是使系统的输出量对输入量产生直接的影响。

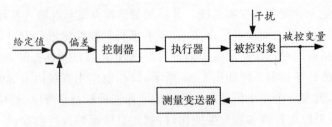

图 1-9 闭环控制系统方框图

在闭环控制系统中,从系统的输入量到系统的输出量所经过的通道称为前向通道,前向通道中所包含的环节称为前向环节或前馈环节。从被控量(系统的输出量)经过测量变送器到输入端的联络通道,称为反馈通道,反馈通道中所包含的环节称为反向环节或反馈环节。反馈通道与前向通道使系统中各个环节的信号形成了一个闭合回路。开环控制系统只有前向环节而无反馈环节。反馈分正反馈和负反馈,如果反馈的信号与输入信号相减,使系统产生的偏差越来越小,则称为负反馈;反之,则称为正反馈。为保证系统的稳定性,通常采用的反馈形式为负反馈。

闭环控制原理就是通过测量变送环节将被控量的实际信息反馈到系统的输入端,控制器根据反馈信号,首先计算输入信号与输出信号(反馈信号)的偏差,然后依据此偏差信号对系统进行控制,从而实现对被控对象的控制。因此闭环控制也称为反馈控制或按偏差控制。闭环控制系统中的控制器能够不断修正被控量的偏差。

闭环控制或反馈控制是自动控制系统的一种最基本的控制方式,也是应用最广泛、最重要的一种控制系统。闭环控制系统的控制精度较高,具有抑制任何干扰对被控量所造成的负面影响的能力,但由于系统增加了反馈环节,所以系统结构比较复杂,在系统的性能分析和设计方面都比较麻烦。

1.2.2　按给定值信号分类

闭环控制系统在生产过程控制中应用最为广泛,它往往要求被控变量保持恒定不变或按照某一规律变化。因此根据生产过程中被控变量所希望保持的规律,可以将自动控制系统分为定值控制系统、随动控制系统和程序控制系统。

1. 定值控制系统

根据生产工艺条件,若希望被控变量保持恒定或基本上保持恒定(允许变化范围很小),此时自动控制系统的输入信号或设定值就应为恒定值,通过控制器的控制作用,使被控变量保持恒定,则称这种控制系统为定值控制系统。

在定值控制系统中,系统的输入量可以随生产条件的变化而改变。但是一经调整后,被控变量就应与调整好的输入量保持一致。典型的例子如中央空调的送风温度控制系统,在夏季送风温度设定值为 16℃,冬季送风温度设定值调整为 30℃。定值控制系统的任务具体讲就是克服各种扰动对系统的影响,使输出变量与给定值保持一致。热工过程控制系统大多是定值控制系统,如各种温度、液位、压力控制系统。

2. 随动控制系统

如果系统的输入量未知且其变化规律无法预先确定,在输入量作用于系统后,要求系统输出量即被控变量能够以一定精度复现输入量的变化,则称这类系统为随动控制系统。

在随动控制系统中,由于输入量的变化是随机的、未知的,因此这类控制系统的任务就是保持被控变量必须快速而准确地跟踪输入量的变化。如在雷达高射炮的控制系统中,由于敌方飞行器的方位时刻变化,不可预知,因此必须控制炮身时刻跟踪敌方飞行器的飞行而旋转。在锅炉燃烧控制系统中,蒸汽负荷的变化是是随外界条件发生变化的,因此要保证进入锅炉的燃料量随时与蒸汽负荷的变化需求相适应。

在定值控制系统中,有时需要设定值随着生产工艺要求的改变而变为新的数值,相应地就要求被控参数也应随之改变并等于新的设定值。这种情况下,定值控制系统对于变化的设定值而言,也可看作是一种随动控制系统。

3. 程序控制系统

如果系统设定值按照一定的规律变化,这种变化是根据需要按一定的时间程序变化的,且变化规律是已知的时间函数,则称这类系统为程序控制系统。程序控制系统既可以是开环控制系统,也可以是闭环控制系统。例如数控车床、机器人控制系统、全自动洗衣机等都是典型的程序控制系统。程序控制系统是随动控制系统的一种特殊情况。

1.2.3 按控制计算装置分类

自动控制系统按照控制计算装置(控制器)不同可分为模拟控制系统和数字控制系统。

模拟控制系统即常规控制系统。模拟控制系统中控制器的输入、输出信号均是连续的和变化的,控制器的控制规律通常是 PID(比例-积分-微分)作用。

将模拟控制系统中的控制器用计算机或数字控制器装置来实现,就构成计算机控制系统,数字控制系统计算机控制系统的方框图如图 1-10 所示。由于计算机的输入和输出信号都是数字信号,因此测量变送环节输出的模拟信号必须经过模/数转换变为相应的数字信号才能输入到控制器中参与逻辑运算,控制器输出的数字信号须经过数/模转换才能变换为模拟信号以驱动执行器动作。

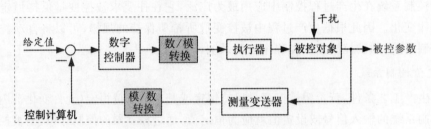

图 1-10 计算机控制系统方框图

【例 1-1】 恒值闭环控制系统举例——电炉炉温自动控制系统。

电炉炉温自动控制系统的任务是保持炉温维持在 680℃ 附近,以满足硅钢片热处理的要求,如图 1-11 所示为该系统的控制原理图。

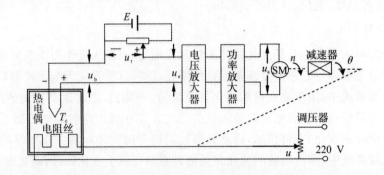

图 1-11 电炉炉温自动控制系统原理图

解：电炉炉温自动控制的过程分析如下：

(1)在电炉炉温自动控制系统中，控制对象是电炉，被控变量是炉温。控制系统各环节之间的信号变量说明如下：

T_r——炉温的期望值，即系统的给定值，$T_r = 680℃$；

u_r——T_r 对应的电压值(毫伏级)，它由电位器设定；

T_c——炉温的实际值，即系统的被控变量；

u_b——温度测量元件热电偶的输出电压值(毫伏级)，$u_b = kT_c$，k 为比例系数，u_b 正比于炉温 T_c；

u_e——$u_e = u_r - u_b$，表示炉温的期望值与实际值之间的偏差，它是控制器的输入信号；

u_a——控制器的输出信号，偏差 u_e 经过电压放大、功率放大后用以驱动电机转动；

n——直流电机的转速；

θ——减速器的转角；

u——调压变压器的输入电压。

(2)电炉炉温自动控制系统控制过程说明如下：

实际炉温 T_c 通过温度测量敏感元件热电偶检测，转换为毫伏级电压信号 u_b，并将 u_b 反馈到系统的输入端；u_b 与给定电压 u_r 进行比较，得到偏差 u_e。

当实际炉温等于设定值时，偏差 $u_e = 0$，控制器输出信号 $u_a = 0$，电机不工作，此时系统处于平衡状态，控制器不产生调节作用。当干扰使实际的炉温低于期望值($T_c < T_r$)时，则偏差信号 $u_e > 0$，经过电压放大和功率放大后得到电压 $u_a(u_a > 0)$，驱动直流电机，电机又经减速器带动调压变压器的滑臂，向增大调压器电压的方向移动，从调压器上读取的电压越大，电阻丝的加热率就越大，热电偶的输出电压即系统的反馈电压 u_b 也就会增加，于是 u_e 下降，直到炉温实际值 T_c 达到给定值 u_r，偏差信号 $u_e = 0$ 时，电机停转，系统重新处于平衡状态，从而完成了自动调节炉温的任务。若由于干扰 f 使实际的炉温高于期望值，整个调节过程反向进行。

通过上述分析可以看出，电炉炉温自动控制是一个闭环、定值控制系统，系统的控制变量为温度参数，其控制原理方框图如图 1-12 所示。

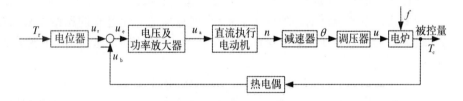

图 1-12　电炉炉温自动控制系统方框图

第 2 章 自动控制系统的数学模型描述

控制系统的数学模型是描述系统及其组成部分的数学表达式,它描述了系统内部变量之间所遵从的数学关系。在分析和设计控制系统时,一个自动控制系统是否满足实际生产工艺的要求、具有哪些性质和特征都可通过分析其数学模型来获知。微分方程和传递函数是线性自动控制系统最基本的两种数学模型,本章主要讲述系统微分方程的建立方法以及传递函数的基本知识。

数学模型的建立方法通常有机理法和实验法两种。机理法是在深入了解对象内在机理的基础上,依据系统或环节所遵循的物理规律,列写出各变量之间的数学表达式,从而建立起数学模型(理论模型)。这里所说的"对象"可以指个别物体,也可以指一个系统。实验法中,如果是根据特定的装置(称为系统或环节),通过测试数据来决定其模型的结构和参数,则称为系统辨识;如果已知模型的结构,而通过实验测试来确定其参数,则称为参数估计。

2.1 微分方程描述

2.1.1 建立系统微分方程的一般步骤

建立系统的微分方程,是获得自动控制系统动态特性的一条重要途径。用机理法建立系统微分方程的一般步骤如下:

(1)根据实际工艺要求,确定对象或环节的输入、输出参数。

(2)根据对象或环节所遵循的物理或化学定律,列写描述变化过程的原始方程式(或方程组)。所遵循的基本的物理定律或化学定律,如物质守恒定律、能量守恒定律、牛顿第二定律和基尔霍夫定律等。

(3)消去中间变量,得到只包含输入和输出参数的微分方程。

(4)标准化,将与输入有关的各项放在等号的右侧,与输出有关的各项放在等号的左侧,并按降幂排列,最后将系数归化为具有一定物理意义的形式。

另外,在建立某个元部件的微分方程时,还必须注意与其他元件的相互影响,即负载效应问题;若微分方程是非线性的,则需要考虑可否进行线性化处理。

【例 2-1】 系统微分方程建立举例。

图 2-1 为 RC 无源网络,当输入量 u_r 发生变化后,输出量 u_c 随之变化,试建立它们之间的微分方程。

解:电路网络系统的基本元件是电阻、电容和电感,应用基尔霍夫定理、戴维南定理、诺顿定理等可获得电路系统的微分方程。

（1）设输入量为 u_r，输出量为 u_c。

根据题目要求，RC 无源网络的输入端电压 u_r 与电容电压 u_c 之间的关系可用图 2-2 表示，它表示系统在输入 u_r 的作用下，产生了一个相应的输出 u_c。

图 2-1　RC 无源网络　　　　图 2-2　RC 无源网络的输入-输出

（2）列写原始方程。设回路电流为 $i(t)$，根据基尔霍夫定律中的回路电压定律，可写出

$$u_r(t) = Ri(t) + u_c(t) \tag{2-1}$$

其中

$$i(t) = i_c(t) = C\frac{du_c(t)}{dt} \tag{2-2}$$

（3）消去中间变量。回路电流 $i(t)$ 为中间变量，将式（2-2）代入式（2-1）中，得

$$u_r(t) = RC\frac{du_c(t)}{dt} + u_c(t) \tag{2-3}$$

（4）标准化。将与输入有关的各项放在等号的右侧，与输出有关的各项的放在等号的左侧，并按降幂排列，将系数归化为具有一定物理意义的形式，即

$$RC\frac{du_c(t)}{dt} + u_c(t) = u_r(t) \tag{2-4}$$

令 $T = RC$，T 称为 RC 无源网络的时间常数，则描述 RC 无源网络输出量 u_c 与输入量 u_r 之间关系的微分方程为

$$T\frac{du_c(t)}{dt} + u_c(t) = u_r(t) \tag{2-5}$$

由式（2-5）可知，描述 RC 电路的微分方程是一个线性常系数一阶微分方程，在已知输入量 u_r 的情况下，求解此微分方程就可以知道输出量电容电压随时间变化的规律。设输入电压 $u_r(t) = A \cdot 1(t)$，A 为一常数值，可求得输出电压为

$$u_c(t) = A(1 - e^{-\frac{t}{RC}}) \tag{2-6}$$

输出电压 $u_c(t)$ 随时间变化的曲线如图 2-3 所示。从 $u_c(t)$ 的输出曲线可以直观地看出电容电压随时间的变化规律。在图 2-3(b) 中有三条对应不同时间常数的 $u_c(t)$ 曲线，时间常数 T 越大，输出曲线变化越缓慢，达到稳定值的时间越长。

2.1.2　常见热工对象的数学模型的建立

建立被控对象的数学模型，就是对被控对象进行深入分析了解，全面掌握被控对象特性的一个过程，这对于设计合理的控制方案、控制器参数的整定，控制系统的调试以及制定生产过程的优化方案等非常重要。热工对象数学模型的建立，可基于物料平衡关系或能量平衡关系来列写原始方程式，其数学表达式如下：

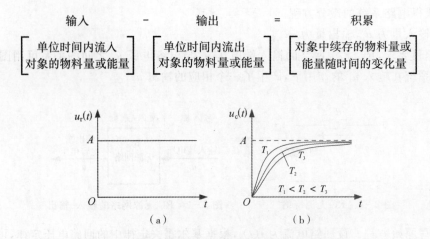

$$输入 \quad - \quad 输出 \quad = \quad 积累$$

$$\begin{bmatrix} 单位时间内流入 \\ 对象的物料量或能量 \end{bmatrix} \quad \begin{bmatrix} 单位时间内流出 \\ 对象的物料量或能量 \end{bmatrix} \quad \begin{bmatrix} 对象中续存的物料量或 \\ 能量随时间的变化量 \end{bmatrix}$$

图 2-3 RC 电路电容电压随输入电压变化曲线关系

(a)输入电压 u_r 的阶跃变化曲线;(b)输出电压 u_c 的阶跃响应曲线

对象的数学模型即对象的特性是指对象的输出量与输入量之间的数学关系。对象的输出量(输出变量)通常是生产过程中要求控制的工艺参数(如温度、压力、流量等),是被控变量;对象的输入量(输入变量)是引起该被控参数变化的干扰作用和控制作用,通常是流入/流出对象的物料量/能量。由输入变量至输出变量的信号联系称为通道,调节作用至被控变量的信号联系称为控制通道;干扰作用至被控变量的信号联系称为干扰通道。对象的输入量与输出量之间的关系如图 2-4 所示。

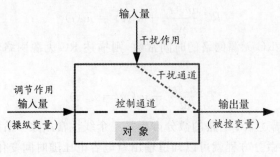

图 2-4 对象的输入-输出

1. 单容水箱

单容水箱示意图如图 2-5 所示。图中 q_i 为水箱进水量,q_o 为水箱出水量,h 为水箱水位高度。水箱水位 h 与进水量 q_i 的关系分析方法如下:

(1)确定系统的输入量为进水量 q_i,输出量为水箱水位 h。单容水箱进水量 q_i 与水箱水位 h 之间的相互关系可以用图 2-6 表示,它表示进水量的变化引起水箱水位的变化。

(2)根据物料平衡关系,列写原始方程。

根据物料平衡方程(又称连续性方程)可知,水箱的进水量减去水箱的出水量等于水箱内物料的总累积速率,即

$$(水箱进水量)-(水箱出水量)=(水箱中水的增加量)$$

由此建立的水箱微分方程表达式为

$$q_i - q_o = \frac{\mathrm{d}V}{\mathrm{d}t} = A\frac{\mathrm{d}h}{\mathrm{d}t} \qquad (2-7)$$

式中，V 为水箱内水的蓄存量，m^3；A 为水箱的横截面积，m^2；h 为水箱水位，m。

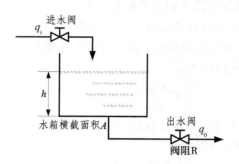

图 2-5　单容水箱水位对象示意图

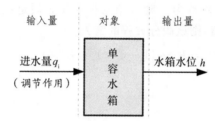

图 2-6　单容水箱对象的输入-输出

对式(2-7)进行整理，可得

$$A\frac{\mathrm{d}h}{\mathrm{d}t} + q_o = q_i \qquad (2-8)$$

在式(2-8)中，除了水箱水位 h 与进水量 q_i 之外，还出现了中间变量出水量 q_o，因此需消去这个中间变量 q_o。

(3)消去中间变量，写出只包含输入量 q_i 和输出参数 h 的微分方程。

在正常工作状态下，初始时刻水箱处于静态或平衡状态，此时水箱水位高度 $h=h_0$，流入水箱流量为 $\bar{q}_i$，流出水箱流量为 $\bar{q}_o$，$\bar{q}_i=\bar{q}_o$。当改变进水调节阀开度时，水箱水位也随之发生变化，在出水阀开度不变的情况下，水位的变化将使流出量改变。设水箱的进水变化量为 Δq_i，出水变化量为 Δq_o，引起水箱水位变化高度为 Δh，则进入水箱的流量为 $q_i=\bar{q}_i+\Delta q_i$；流出水箱的流量为 $q_o=\bar{q}_o+\Delta q_o$；水箱水位高度 $h=h_0+\Delta h$。

根据物料平衡关系，可得

$$(\bar{q}_i + \Delta q_i) - (\bar{q}_o + \Delta q_o) = A\frac{\mathrm{d}(h_0 + \Delta h)}{\mathrm{d}t} \qquad (2-9)$$

即

$$\Delta q_i - \Delta q_o = A\frac{\mathrm{d}\Delta h}{\mathrm{d}t} \qquad (2-10)$$

在流量变化不大时(在稳态工作点附近)，Δq_o 可近似为常数，则水位变化量与流出变化量的关系式可写成

$$\Delta q_o = \frac{\Delta h}{R} \tag{2-11}$$

式(2-11)中,R 为出水阀的液阻,其物理意义是要使输出流量单位增长 h 所需要液位升高的高度。液阻 R 反映了流出管路上阀门的阻力大小。

(4)标准化。将与输入有关的各项放在等号的右侧,与输出有关的各项的放在等号的左侧,并按降幂排列,最后将系数归化为具有一定物理意义的形式。

将式(2-11)代入式(2-10),可得

$$RA\frac{\mathrm{d}\Delta h}{\mathrm{d}t} + \Delta h = R\Delta q_i \tag{2-12}$$

令 $T=RA$,$K=R$,T 称为单容水箱的时间常数,则描述单容水箱水位变化量 Δh 与进水量变化量 Δq_i 之间关系的微分方程为

$$T\frac{\mathrm{d}\Delta h}{\mathrm{d}t} + \Delta h = K\Delta q_i \tag{2-13}$$

式(2-13)是一个线性常系数、一阶微分方程。可见,单容水箱是一个能用一阶微分方程描述的水箱水位系统,因此它简称为一阶水箱水位系统。假定在 $t=0$ 时,流入流量变化量 $\Delta q_i = A \cdot 1(t)$,$A$ 为一常数值,则该微分方程的解为

$$\Delta h(t) = K\Delta q_i(1-\mathrm{e}^{-\frac{t}{RF}}) = KA(1-\mathrm{e}^{-\frac{t}{T}}) \tag{2-14}$$

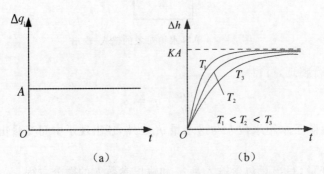

图 2-7 水箱进水量变化量 Δq_i 与水位变化量 Δh 的曲线关系
(a)进水量 Δq_i 阶跃变化曲线;(b)水位变化量 Δh 的阶跃响应曲线

在进水量发生单位阶跃变化后,水位变化量 Δh 随时间变化的曲线如图 2-7(b)所示。从水位变化量 Δh 输出曲线可以直观地看出水箱水位随时间的变化规律。在图 2-7(b)中有三条对应不同时间常数的 $\Delta h(t)$ 曲线,时间常数 T 越大,输出曲线变化越缓慢,水箱水位达到稳定值得时间越长。

比较式(2-13)和式(2-5)可以发现,一阶单容水箱的特性和 RC 无源网络的特性均可用一阶微分方程描述,因此图 2-7 和图 2-3 中两个曲线形状也是一样的。所不同的是,RC 电路中的放大倍数 $K=1$,水箱的放大倍数 $K\neq1$,水箱的放大倍 K 数值等于水箱流出口阀门的阻力。也就是说,对应于同一个流入量变化量,水箱流出口阀门的阻力越大,液位的最终稳定高度越高。这与实际情况相一致。

2. 夹套换热器

图 2-8 为搅拌均匀的夹套换热器,进料用蒸汽加热至温度 θ_h 后进入下一个工段。工艺要求出料温度 θ_h 保持恒定。在生产过程中,蒸汽流量 q_w、蒸汽压力的变化、进料温度 θ_c 以及进料流量 q_G 的变化都有可能使出料温度 θ_h 发生变化。保持蒸汽压力及进料流量 q_G 不变,进料温度 θ_c 改变后,可以通过调节蒸汽流量 q_w 使出料温度 θ_h 保持恒定。下面建立该夹套换热器系统的数学模型。

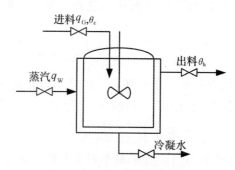

图 2-8　夹套换热器示意图

假设换热器间壁较薄,热容量可忽略不计,近似视为直接加热;夹套与夹套外层保温良好,热损失可忽略不计;蒸汽在饱和状态下冷凝后流出夹套;被加热物料的比热容不随温度变化,或可取平均温度下的比热容。

(1)确定蒸汽流量 q_w 为输入量,出料温度 θ_h 为输出量,通过蒸汽流量调节出料温度,进料温度 θ_c 为干扰作用。

此时,夹套换热器在调节量和干扰量的共同作用下引起输出量发生变化的作用关系可以用图 2-9 表示。

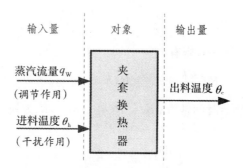

图 2-9　夹套换热器对象的输入-输出

(2)列写原始方程式。

设 Q_s 为蒸汽在单位时间内带入夹套换热器的热量;Q_c 为进料在单位时间内带入换热器的热量;Q_h 为出料在单位时间内从换热器带出的热量;U 为换热器内蓄存的热量。

根据能量平衡关系式,可以列出:

$$Q_s + Q_c - Q_h = \frac{\mathrm{d}U}{\mathrm{d}t} \tag{2-15}$$

(3)消去中间变量。

设 V 为换热器的有效容积,γ 为被热液体的重度,C_p 为被热液体的比热容,H_1 为加热蒸汽的比焓,h_2 为冷凝水的比焓,q_G 为被热液体的质量流量,q_W 为加热蒸汽的流量,则有

$$Q_c = q_G C_p \theta_c, Q_h = q_G C_p \theta_h, Q_s = q_W h_1 - q_W h_2, U = V\gamma C_p \theta_h$$

因此,式(2-15)可表示为

$$V\gamma C_p \frac{d\theta_h}{dt} = q_W h_1 - q_W h_2 + q_G C_p \theta_c - q_G C_p \theta_h \quad (2-16)$$

将式(2-16)整理后,就得到如图 2-5 所示换热器对象当进料温度 θ_c 变化或加热蒸汽流量 q_W 变化时的数学模型

$$\frac{V\gamma}{q_G} \frac{d\theta_h}{dt} + \theta_h = \frac{h_1 - h_2}{q_G C_p} q_W + \theta_c \quad (2-17)$$

(4)标准化。将系数归化为具有一定物理意义的形式。在传热系统中,经常引入热阻 R 和热容 C 的概念来描述系统的动态特性。两种物质之间的热阻定义为

$$R = \frac{温度差的变化量}{热流量的变化量}$$

在热传导和热对流的情况下,由于导热系数和对流系数基本上等于常数,因此热阻基本上等于常量。当被加热物料的温度从平衡状态改变 $\Delta\theta_h$ 时的热阻为

$$R = \frac{\Delta\theta_h}{\Delta Q_h} = \frac{1}{q_G C_p} \quad (2-18)$$

热容定义为

$$C = \frac{蓄积热量的变化量}{温度的变化}$$

在本例中可求得

$$C = \frac{\Delta U}{\Delta\theta_h} = V\gamma C_p \quad (2-19)$$

由式(2-17)可得

$$V\gamma C_p \frac{1}{q_G C_p} \frac{d\theta_h}{dt} + \theta_h = \frac{h_1 - h_2}{q_G C_p} q_W + \theta_c \quad (2-20)$$

将 R 和 C 代入式(2-20)中,则有

$$RC \frac{d\theta_h}{dt} + \theta_h = R(h_1 - h_2) q_W + \theta_c \quad (2-21)$$

令 $T = RC$,T 为换热器时间常数,$K = R(h_1 - h_2)$,K 为换热器放大系数,则式(2-21)可进一步整理为

$$T \frac{d\theta_h}{dt} + \theta_h = Kq_W + \theta_c \quad (2-22)$$

由式(2-22)可以看出,夹套换热器的出料温度 θ_h 与蒸汽流量 q_W(调节作用)、进料温度(干扰作用)之间的函数关系是一阶微分方程。

下面分别说明蒸汽流量的调节作用以及进料温度的干扰作用,现以各参数偏离稳定工作状态的增量形式表示对象数学模型,由式(2-22)可得增量化方程式为

$$T \frac{d\Delta\theta_h}{dt} + \Delta\theta_h = K\Delta q_W + \Delta\theta_c \quad (2-23)$$

若仅考虑蒸汽流量的改变对加热后物料温度的影响,此时认为进料温度不变,即 $\Delta\theta_c =$

0,则蒸汽流量对出料温度的调节作用可以表示为

$$T\frac{\mathrm{d}\Delta\theta_{\mathrm{h}}}{\mathrm{d}t} + \Delta\theta_{\mathrm{h}} = K\Delta q_{\mathrm{w}} \qquad (2-24)$$

式(2-24)即为对象的调节通道的数学模型。

若仅考虑进料温度变化对加热后物料温度的影响,此时认为蒸汽流量不变,即 $\Delta q_{\mathrm{w}} = 0$,则进料温度对出料温度的干扰作用可以表示为

$$T\frac{\mathrm{d}\Delta\theta_{\mathrm{h}}}{\mathrm{d}t} + \Delta\theta_{\mathrm{h}} = \Delta\theta_{\mathrm{c}} \qquad (2-25)$$

式(2-25)即为对象的干扰通道的数学模型。

所谓“通道”,就是某个参数影响另外一个参数的通路。调节作用 $u(t)$ 对被控变量 $c(t)$ 的影响通路称为控制通道,控制通道也称为调节通道。同理,干扰通道就是干扰作用 $f(t)$ 对被控变量 $c(t)$ 的影响通路。一般来说,控制系统分析中更加注重信号之间的联系,通常所说的“通道”是指信号之间的信号联系。干扰通道就是干扰作用与被控变量之间的信号联系,控制通道则是控制作用与被控变量之间的信号联系。

单容水箱和夹套换热器都是比较简单的对象,如果要建立整个控制系统的数学模型,就需要详细了解系统的各个环节的运动机理并周密思考。

2.2　传递函数描述

建立起系统或环节的微分方程后,求解微分方程可以得到系统或环节输出变量的响应曲线,就能进一步分析计算出系统或环节的动态特性,这种方法很直观。但是一般而言求解微分方程是一个烦琐的过程,在工程中,通常采用拉普拉斯变换(拉氏变换)来求解线性微分方程。

通过拉氏变换不仅可以将微分方程转换为复数域的代数方程,简化常数微分方程的求解,还可以把描述环节和系统的动态特性的微分方程转换为传递函数。在经典控制理论中,描述线性定常系统及组成环节的输入/输出关系,除了微分方程外,还有一种最常用的形式就是传递函数。传递函数是描述线性定常系统动态特性的基本数学工具之一。

2.2.1　拉氏变换的定义

以时间 t 为自变量的函数 $f(t)$,其定义域是 $t \geqslant 0$,定义函数

$$F(s) = \int_0^\infty f(t)\mathrm{e}^{-st}\,\mathrm{d}t \qquad (2-26)$$

为函数 $f(t)$ 的拉氏变换,式中 $s = \sigma + \mathrm{j}\omega$ 为复数自变量。

通常将式(2-26)记为

$$F(s) = \mathscr{L}[f(t)] \qquad (2-27)$$

函数 $f(t)$ 称为函数 $F(s)$ 的原函数,而 $F(s)$ 称为 $f(t)$ 的象函数。

由定义式可以看出,拉氏变换是一种积分变换,这种积分变换将一个实变量为 t 的函数 $f(t)$ 变换为一个复变量为 s 的函数 $F(s)$。在自动控制理论领域内,拉氏变换可将一个时间函数 $f(t)$ 变换为一个复变量函数 $F(s)$,即将时间域的函数变换为复频域的函数。

一个以时间为变量的函数可以进行拉氏变换的充分条件是初始值为零、连续或分段连续

且象函数存在。在实际工程中,这些条件通常都是满足的。

2.2.2 拉氏变换性质和定理

常用的拉氏变换的基本性质和定理有线性性质、微分定理、积分定理、终值定理、初值定理和延迟定理等。下面仅对后续内容所涉及的性质和定理进行讲述,其余定理读者可参考相关文献进行深入学习。

(1)线性性质。设函数 $f(t)$、$f_1(t)$ 和 $f_2(t)$ 的拉氏变换分别为 $F(s)$、$F_1(s)$ 和 $F_2(s)$,a、b 均为实数且为常数,则有

$$\mathscr{L}[af_1(t)] = aF_1(s) \tag{2-28}$$

$$\mathscr{L}[f_1(t) + f_2(t)] = F_1(s) + F_2(s) \tag{2-29}$$

式(2-28)表示了拉氏变换的均匀性(齐次性),即一个时间函数乘以一个常数 a 时,其拉氏变换为该时间函数的拉氏变换乘以此常数。

式(2-29)表示了拉氏变换的叠加性,即两个时间函数和的拉氏变换等于两个时间函数拉氏变换的和。

将式(2-28)和式(2-29)相结合,则有

$$\mathscr{L}[af_1(t) + bf_2(t)] = aF_1(s) + bF_2(s) \tag{2-30}$$

(2)微分定理。若 $\mathscr{L}[f(t)] = F(s)$,则

$$\mathscr{L}\left[\frac{\mathrm{d}f(t)}{\mathrm{d}t}\right] = sF(s) - f(0) \tag{2-31}$$

式中,$f(0)$ 是函数 $f(t)$ 在 $t = 0$ 时的值,即为 $f(t)$ 的初始值。

函数 $f(t)$ 二阶导数的拉氏变换为

$$\mathscr{L}\left[\frac{\mathrm{d}^2 f(t)}{\mathrm{d}t^2}\right] = s^2 F(s) - sf(0) - f'(0) \tag{2-32}$$

函数 $f(t)$ 的 n 阶导数的拉氏变换为

$$\mathscr{L}\left[\frac{\mathrm{d}^n f(t)}{\mathrm{d}t^n}\right] = s^n F(s) - s^{n-1} f(0) - s^{n-2} f'(0) - \cdots - sf^{(n-2)}(0) - f^{(n-1)}(0) \tag{2-33}$$

式中,$f(0)$,$f'(0)$,$f''(0)$,$\cdots$,$f^{(n-1)}(0)$ 为 $f(t)$ 及其各阶导数在 $t = 0$ 时的值,如果 $f(0) = f'(0) = f''(0) = \cdots = f^{(n-2)}(0) = f^{(n-1)}(0) = 0$,则微分定理可简化为

$$\mathscr{L}\left[\frac{\mathrm{d}^{(n)} f(t)}{\mathrm{d}t^n}\right] = s^n F(s) \tag{2-34}$$

特别地,函数 $f(t)$ 的一阶导数的拉氏变换为

$$\mathscr{L}\left[\frac{\mathrm{d}f(t)}{\mathrm{d}t}\right] = sF(s) \tag{2-35}$$

利用这一定理,可以将多阶常系数微分方程化为代数方程,解出象函数 $F(s)$ 后,再通过拉氏反变换,求出原函数 $f(t)$。

(3)积分定理。若 $\mathscr{L}[f(t)] = F(s)$,在 $t = 0$ 时 $f(0) = 0$,则有

$$\mathscr{L}\left[\int f(t)\mathrm{d}t\right] = \frac{F(s)}{s} \tag{2-36}$$

如果 $f(t)$ 的各重积分在 $t = 0$ 时有

$$f(0) = f^{(-1)}(0) = f^{(-2)}(0) = \cdots = f^{(-n)}(0) = 0$$

则原函数 $f(t)$ 的 n 重积分的拉氏变换等于其象函数 $F(s)$ 除以 s^n，即

$$\mathscr{L}\Big[\underbrace{\int\cdots\int}_{n} f(t)\,(\mathrm{d}t)^n\Big] = \frac{F(s)}{s^n} \tag{2-37}$$

(4)滞后定理。滞后定理也称为延迟定理或时域位移定理。

若 $\mathscr{L}[f(t)] = F(s)$，则

$$\mathscr{L}[f(t-\tau)] = \mathrm{e}^{-\tau s}F(s) \tag{2-38}$$

此定理说明时域函数 $f(t)$ 向右平移一个滞后时间 τ 后，相当于复域函数 $F(s)$ 乘以因子 $\mathrm{e}^{-\tau s}$。在热工过程控制系统中通常存在滞后情况，因此滞后定理具有重要意义。

2.2.3　传递函数的定义

传递函数的定义：线性定常系统在零初始条件下，系统(或环节)输出量的拉氏变换的象函数和输入量的拉氏变换象函数之比称为系统的传递函数。

设描述单输入单输出控制系统的、线性定常微分方程的一般表达式为

$$a_0\,\frac{\mathrm{d}^{(n)}}{\mathrm{d}t^n}y(t) + a_1\,\frac{\mathrm{d}^{(n-1)}}{\mathrm{d}t^{n-1}}y(t) + \cdots + a_{n-1}\,\frac{\mathrm{d}}{\mathrm{d}t}y(t) + a_n y(t) =$$
$$b_0\,\frac{\mathrm{d}^{(m)}}{\mathrm{d}t^m} + b_1\,\frac{\mathrm{d}^{(m-1)}}{\mathrm{d}t^{m-1}}x(t) + \cdots + b_{m-1}\,\frac{\mathrm{d}}{\mathrm{d}t}x(t) + b_m x(t) \tag{2-39}$$

式中，$x(t)$ 和 $y(t)$ 分别为系统的输入量和输出量，都是时间 t 的函数；a_i 和 b_j 均是实数，其中 $i = 1, 2, \cdots, n$；$j = 1, 2, \cdots, m$，$n \geqslant m$。a_i 和 b_j 是由系统或环节结构参数决定的常数，如描述 RC 无源网络特性的一阶微分方程中的时间常数 T，$T = RC$，R 为电阻值，C 为电容伍。

在零初始条件下，系统处于稳态，此时输入量 $x(t)$、输出量 $y(t)$ 及其各阶导数在 $t = 0$ 时均为零，根据拉氏变换的微分定理，对式(2-39)两边同时进行拉氏变换，可得

$$(a_0 s^n + a_1 s^{n-1} + \cdots + a_{n-1}s + a_n)Y(s) =$$
$$(b_0 s^m + b_1 s^{m-1} + \cdots + b_{m-1}s + b_m)X(s) \tag{2-40}$$

式中，$Y(s) = \mathscr{L}[y(t)]$，$X(s) = \mathscr{L}[x(t)]$。

根据传递函数的定义，可得系统(或环节)的传递函数 $G(s)$ 为

$$G(s) = \frac{Y(s)}{X(s)} = \frac{b_0 s^m + b_1 s^{m-1} + \cdots + b_{m-1}s + b_m}{a_0 s^n + a_1 s^{n-1} + \cdots + a_{n-1}s + a_n} \tag{2-41}$$

若已知系统的传递函数 $G(s)$ 和系统的输入量的拉氏变换 $X(s)$，则可方便求得系统的输出 $Y(s)$ 为

$$Y(s) = G(s)X(s) \tag{2-42}$$

由式(2-41)和式(2-42)可知，传递函数是一种用系统参数表达系统输入量转换成输出量的传递关系，它只和系统的结构和参数有关，而与输入量的形式无关，它不反映系统内部的任何信息。传递函数与微分方程具有相通性，用 $\mathrm{d}/\mathrm{d}t$ 算符代替变量 s 就可将微分方程转换为传递函数，反之用变量 s 代替 $\mathrm{d}/\mathrm{d}t$ 算符就可将传递函数转换为微分方程。

利用传递函数可以大大简化系统动态性能的分析过程，它是研究线性系统动态的重要工具之一。知道了系统/环节的传递函数，就可以用如图 2-10 所示的方框图来表示一个系统(或环节)。

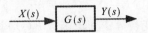

图 2-10 传递函数方框图

2.3 自动控制系统的典型环节

自动控制系统的组成环节如放大元件、执行机构、测量装置等能源形式是多种多样的,有机械式、电子式、电气式、气动式和热力式等。这些环节在结构、工作原理上相互之间差别很大,似乎没有共同之处,但它们在自动控制系统中都起着信号或能量传递变换的作用。因此在自动控制原理中,对所有物理结构不同、工作原理不同的元件,只要它们具有相同的动态特性或者说具有相同的传递函数,我们就认为是同一环节。这样在研究系统动态特性时,从系统微分方程或传递函数出发,依据数学模型上的差别,就可以把在物理结构上千差万别的控制系统看成是由一些基本环节或典型环节组成的。自动控制系统的性能如何在很大程度上就是由它们所包含的典型环节的类型及其数目来决定的。经典自动控制理论中,常见的典型环节如下所述。

(1)比例环节。比例环节也称为放大环节,是一种最基本、最常用的环节。比例环节的输出量 $y(t)$ 与输入量 $x(t)$ 之间仅差一个比例系数 K。比例环节只有一个特征参数 K,K 也称为放大系数或增益。比例环节的微分方程为

$$y(t) = Kx(t) \tag{2-43}$$

其传递函数为

$$G(s) = \frac{Y(s)}{X(s)} = K \tag{2-44}$$

系统中的杠杆、齿轮变速器、电子放大器等都属于比例环节,它们的输入量和输出量之间都是比例关系。

(2)积分环节。积分环节的输入信号 $x(t)$ 通常是流量(指单位时间内流过的流量)或速率,而输出信号 $y(t)$ 则表示该流量或速率所累积的总量,即积分环节的输出量是输入量对时间的积分。

积分环节的微分方程为

$$y(t) = \frac{1}{T_i} \int x(t) \, \mathrm{d}t \tag{2-45}$$

其传递函数为

$$G(s) = \frac{Y(s)}{X(s)} = \frac{1}{T_i s} \tag{2-46}$$

式中,T_i 为积分时间常数,积分时间越小,则积分作用越强。

(3)惯性环节。惯性环节的输出量 $y(t)$ 与输入量 $x(t)$ 之间关系可用一阶常微分方程描述。

惯性环节的微分方程为

$$\frac{\mathrm{d}y(t)}{\mathrm{d}t} + y(t) = Kx(t) \tag{2-47}$$

其传递函数为

$$G(s) = \frac{Y(s)}{X(s)} = \frac{K}{Ts + 1} \tag{2-48}$$

时间常数 T 和放大系数 K 是惯性环节的两个特征参数。凡是包含一个存储元件或容量元件的实际系统,如含有电容、热容的单容系统,它们的特性都可以用惯性环节来描述。由于这类系统(或环节)存在阻力,流入或流出存储对象的物料量或能量不可能为无穷大,存储量的变化必须经过一段时间或一段过程才能完成,这种现象称为系统存在惯性。惯性环节的时间常数 T 是环节惯性大小的量度,表明输出响应有惯性,即时间常数 T 反映了存储量变化时间的大小或反应过程进行的快慢。

惯性环节是具有代表性的一类环节,许多实际的被控对象或控制元件,如 RC 网络、单容水箱、夹套换热器、空调房间的温度、湿度对象的传递函数都可以表示成或近似表示成惯性环节。

(4)微分环节。微分环节的输出量 $y(t)$ 是输入量 $x(t)$ 对时间的微分。

微分环节的微分方程为

$$y(t) = \frac{\mathrm{d}x(t)}{\mathrm{d}t} \tag{2-49}$$

其传递函数为

$$G(s) = \frac{Y(s)}{X(s)} = s \tag{2-50}$$

微分环节反映了输入量 $x(t)$ 的变化趋势,它具有"超前"感知输入变量变化的作用,因此常用来改善控制系统的特性。式(2-49)为理想的微分环节,在实际中单纯的微分环节是不存在的。

(5)一阶微分环节。在自动控制系统中,往往利用微分作用来改善系统的动态特性。一阶微分环节的微分方程为

$$y(t) = T_{\mathrm{d}} \frac{\mathrm{d}x(t)}{\mathrm{d}t} + x(t) \tag{2-51}$$

式中, T_{d} 是微分时间,它的大小决定了微分作用的强弱。

一阶微分环节的传递函数为

$$G(s) = \frac{Y(s)}{X(s)} = T_{\mathrm{d}}s + 1 \tag{2-52}$$

(6)振荡环节。振荡环节也称为二阶惯性环节,振荡环节的输出量 $y(t)$ 与输入量 $x(t)$ 的关系可由二阶微分方程描述。振荡环节里通常包含两个有储存能力的元件,如弹簧质量阻尼器系统里的质量和弹簧都有储存能量的能力,阻尼器为耗能元件;RLC(电路网络中)的电容和电感都有储存能量的能力,电阻则为耗能元件。当振荡环节受到输入作用时,能量可能会在两个储能元件之间相互交换而形成振荡,也可能由于阻尼器和电阻的作用占优势而不产生振荡。

振荡环节的微分方程的一般形式为

$$T^2 \frac{\mathrm{d}^2 y(t)}{\mathrm{d}t^2} + 2\zeta T \frac{\mathrm{d}y(t)}{\mathrm{d}t} + y(t) = Kx(t) \tag{2-53}$$

其传递函数为

$$G(s) = \frac{Y(s)}{X(s)} = \frac{K}{T^2 s^2 + 2\zeta Ts + 1} \tag{2-54}$$

式中，T 为振荡环节的时间常数；ζ 为阻尼系数，振荡环节的阻尼系数满足 $0 < \zeta < 1$；K 为放大系数。

振荡环节的传递函数通常表示为

$$G(s) = \frac{Y(s)}{X(s)} = \frac{K\omega_n^2}{s^2 + 2\zeta_n Ts + \omega_n^2} \tag{2-55}$$

式中，ω_n 为无阻尼自然振荡频率，$\omega_n = 1/T$；ζ 和 ω_n 为振荡环节的特征参数。凡用二阶常微分方程描述的元部件或系统，在阻尼系数满足 $0 < \zeta < 1$ 情况下，都包含振荡环节。

(7)滞后环节。滞后环节也称为延迟环节，滞后环节的特点是输出信号与输入信号的形状完全相同，输出只是延迟了一段时间 τ 后重现输入。在热工过程、化工过程和能源动力设备中，工质、燃料、物料从传输管道进口到出口之间，就可以用滞后环节表示。

滞后环节的输出量 $y(t)$ 与输入量 $x(t)$ 的数学关系为

$$y(t) = x(t - \tau) \tag{2-56}$$

式中，τ 为滞后时间，当 $t < \tau$ 时，$y(t) = 0$；当 $t > \tau$ 时，$y(t) = x(t)$，重现原函数。

滞后环节的传递函数为

$$G(s) = \frac{Y(s)}{X(s)} = e^{-\tau s} \tag{2-57}$$

滞后环节的传递函数是超越函数，在数学分析上带来一些困难。实际控制系统中总存在一定的迟延，滞后往往会使控制效果恶化。

在拉氏变换的性质和典型环节的基础上，可采用工程方法通过拉氏反变换对微分方程进行求解。从数学模型上看，控制系统的大多数环节都可以用上面所述的典型环节表示，一个控制系统，可以看成是典型环节按一定的方法组合而成的。

2.4　框　　图

方框图简称框图，也称为控制系统的结构图，它是描述系统各环节之间信号传递关系的数学图形，是系统数学模型的一种图解形式。建立起自动控制系统的各个组成环节的传递函数后，系统就可用方框图表示。在分析控制系统时，框图是广泛采用的一种简便图解方法。

自动控制系统方框图如图 2-11 所示，图中 $G_c(s)$ 是控制器的传递函数，$G_V(s)$ 是执行器的传递函数，$G_O(s)$ 是被控对象的传递函数，$H(s)$ 是测量变送装置的传递函数。图 2-11 中的信号变量与图 1-5 中的信号变量相对应。由图 2-11 可以看出，框图直观地表示了系统变量之间的因果关系以及对各变量所进行的运算，通过框图能够方便地求出系统（或环节）输入/输出之间的传递函数，表征出各个环节之间的动态关系。

自动控制系统的框图反映了系统的输入与输出以及其他变量之间的数学关系，其实质上是系统原理图与数学方程两者的结合，因此系统框图也是控制系统的一种数学模型。需要说明的是，框图中的方框与实际系统的元部件并非是一一对应的，一个实际元部件可以用一个方框或几个方框表示，而一个方框也可以是几个元部件或一个子系统，或是一个大的复杂系统。

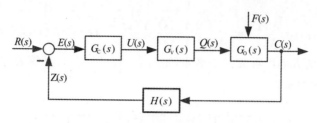

图 2-11　自动控制系统方框图

2.4.1　框图的基本符号和连接

1. 框图的基本符号

框图一般由信号线、方框、分支点和比较点四种基本符号组成。信号线是带有箭头的直线。箭头表示了信号的传递方向，从外部指向方框的箭头表示该方框的输入信号，从方框指向外部的箭头则是该方框的输出信号，在信号线旁通常会标注信号变量。方框表示系统的一个环节，方框中写入元件或系统的传递函数，方框的输出量等于方框的输入量与环节传递函数的乘积，它表示了从输入信号到输出信号之间的单向数学运算。例如在图 2-11 中有

$$U(s) = G_c(s)E(s)$$

分支点也叫做测量点，表示信号的引出或测量的位置，在分支点处，同一信号可以送往多个环节，分支点如图 2-12(a) 所示。

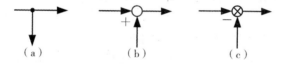

图 2-12　方框图中的分支点和比较点

比较点也称为综合点或相加点，表示对两个或两个以上信号进行加减运算。比较点信号箭头处的"＋"表示相加，"－"表示相减，其中"＋"号可省略不写，如图 2-12 中(b)(c)所示，用○或 ⊗ 均可表示比较点，在图 2-11 中，对比较点处的输入信号 $R(s)$、$Z(s)$ 进行比较后，得到输出信号 $E(s)$，该比较点处的信号运算关系为

$$E(s) = R(s) - Z(s)$$

绘制系统方框图的一般步骤如下：

(1)列写出系统各元件的微分方程或传递函数。

(2)将各个元件用方框表示，方框中写出其传递函数，用信号线标明方框的输入量和输出量。

(3)根据各元部件的信号及信号流向，依次将各方框连接便得到系统的方框图。

2. 框图的连接

框图中方框间的基本连接方式有三种，分别是串联、并联和反馈连接。

(1)串联。各环节的方框依次顺序相连，前一个方框的输出量为后一个方框的输入量，这种连接方式称为串联连接，如图 2-13(a) 所示。根据传递函数的定义，串联连接框图的总传

递函数

$$G(s) = \frac{Y(s)}{X(s)} = \frac{Y_1(s)}{X(s)} \frac{Y_2(s)}{Y_1(s)} \frac{Y(s)}{Y_2(s)} = G_1(s)G_2(s)G_3(s)$$

由此可知,串联的方框可看成一个整体,如图 2-13(b) 所示,其等效方框的传递函数等于各个方框传递函数的乘积。

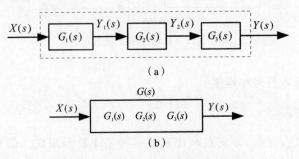

（a）

（b）

图 2-13　方框的串联连接及其简化

若 n 个方框串联,则总传递函数

$$G(s) = \prod_{i=1}^{n} G_i(s)$$

式中, $G_i(s)$ 为第 i 个方框的传递函数; $G(s)$ 为总传递函数。

（2）并联。在环节并联时,每个方框的输入量相同,方框的输出量相加（或相减）成为总的输出量,如图 2-14(a) 所示。根据传递函数的定义可知

$$Y_1(s) = G_1(s)X(s) , \quad Y_2(s) = G_2(s)X(s) , \quad Y_3(s) = G_3(s)X(s)$$

再由比较点的概念,可得到方框并联后的输出

$$Y(s) = Y_1(s) \pm Y_2(s) \pm Y_3(s) = [G_1(s) \pm G_2(s) \pm G_3(s)]X(s) = G(s)X(s)$$

由此可知,并联的方框也可看作一个整体,如图 2-14(b) 所示,并联方框总传递函数为

$$G(s) = \frac{Y(s)}{X(s)} = G_1(s) \pm G_2(s) \pm G_3(s)$$

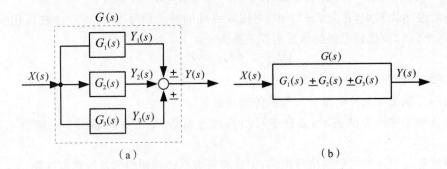

（a）　　　　　　　　　　（b）

图 2-14　方框的并联连接及其简化

因此, n 个环节并联后的总传递函数等于各环节传递函数的代数和,即

$$G(s) = \sum_{i=1}^{n} G_i(s)$$

式中，$G_i(s)$ 为第 i 个方框的传递函数；$G(s)$ 为总传递函数。

（3）反馈。将系统或环节的输出信号反馈到输入端，与输入信号进行比较，就构成了反馈连接。如图 2-15(a)所示，图中"－"表示负反馈，输入信号与反馈信号相减；"＋"则表示正反馈，输入信号与反馈信号相加。

在图 2-15(a)的反馈回路中，由输入信号 $X(s)$ 经环节 $G(s)$ 到输出信号 $Y(s)$ 的信号传递通道称为前向通道，前向通道的传递函数就是 $G(s)$，也称 $G(s)$ 为主通道传递函数；由输出信号 $Y(s)$ 经环节 $H(s)$ 到反馈信号 $Z(s)$ 的信号传递通道称为反馈通道，$H(s)$ 称为反馈通道传递函数。在反馈连接的框图中，信号的传递形成封闭的回路，成为闭环控制系统。

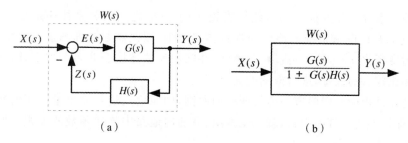

图 2-15　方框的反馈连接及其简化

对于负反馈连接，由图 2-15(a)可知

$$E(s) = X(s) - Z(s) , \quad Z(s) = H(s)Y(s)$$

系统输出量

$$Y(s) = G(s)E(s) = G(s)[X(s) - Z(s)] = G(s)X(s) - G(s)H(s)Y(s)$$

所以

$$Y(s) = \frac{G(s)}{1 + G(s)H(s)}X(s)$$

即负反馈连接的总传递函数

$$W(s) = \frac{Y(s)}{X(s)} = \frac{G(s)}{1 + G(s)H(s)}$$

同理，正反馈连接总传递函数

$$W(s) = \frac{Y(s)}{X(s)} = \frac{G(s)}{1 - G(s)H(s)}X(s)$$

在反馈连接时系统是闭环的，此时总传递函数 $W(s)$ 称为系统的闭环传递函数。若将反馈连接断开，则形成开环系统，开环传递函数

$$\frac{Z(s)}{E(s)} = G(s)H(s)$$

当 $H(s) = 1$ 时，表示系统的输出全部反馈到输入端，则称为单位反馈系统，其系统结构图如图 2-16(a)所示。一般将单位负反馈系统画成图 2-16(b)的形式。

单位负反馈系统的闭环传递函数

$$W(s) = \frac{Y(s)}{X(s)} = \frac{G(s)}{1 + G(s)}$$

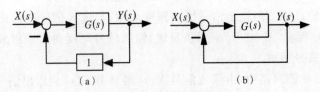

图 2 - 16　单位负反馈系统

2.4.2　框图的变换和简化

将实际控制系统中各方框用信号线依次连接后，方框之间的关系往往是互相交错、复杂的。这时通过原始框图求系统的传递函数就会很困难，因此需要对框图进行变换、组合和化简。在对框图变换化简时，除了可以利用串联、并联和反馈连接合并多个方框外，还可以通过改变分支点和比较点的位置，进行框图的简化。

框图在简化过程中一定要遵循等效变换的原则，即原输入量与输出量之间的数学关系在变换前、后要保持不变。具体而言，就是变换前、后前向通路中传递函数的乘积与回路中传递函数的乘积都应保持不变。

表 2 - 1 列出了分支点和比较点移动变换规则，利用这些规则可以使方框之间的信号传送通道减少交错关系，从而减少框图中的交叉回路，使串联、并联或反馈连接变得清晰直观，方便求得系统的总传递函数。

(1)交换分支点。连续分支点的次序可以任意改变。由表 2 - 1 可以看出各信号之间的数学关系为 $X_1 = X_2 = X_3$，移动连续分支点之间的次序，不会改变它们的数学关系。

(2)交换比较点。连续的比较点可以任意交换次序。由表 2 - 1 可以看出交换比较点位置没有改变输出变量 X_4 的数学关系 $X_4 = X_1 + X_2 - X_3$。

(3)比较点后移。将比较点移到相邻环节 $G(s)$ 之后，在被移动支路中须串联环节 $G(s)$。

由表 2 - 1 可以看出，未移动时输出量 $X_2 = (X_1 - X_3)G(s)$；比较点后移，在被移动支路中串联环节 $G(s)$，则 $X_2 = X_1 G(s) - X_3 G(s)$，保证了输入量与输出量的数学关系相一致。

(4)比较点前移。将比较点移到相邻环节 $G(s)$ 之前，在被移动支路中须串联环节 $\dfrac{1}{G(s)}$。

由表 2 - 1 可以看出，未移动时输出量 $X_2 = X_1 G(s) - X_3$；比较点前移，在被移动支路中串联环节 $\dfrac{1}{G(s)}$，则输出量为

$$X_2 = \left(X_1 - X_3 \frac{1}{G(s)}\right)G(s)$$

可见，比较点前移的输入量与输出量的数学关系是一致的。

(5)分支点后移。分支点移到相邻环节 $G(s)$ 之后，在被移动支路中须串联 $1/G(s)$。

在表 2 - 1 中，原方框图中变量的关系为 $X_2 = X_1 G(s)$ 与 $X_1 = X_3$；分支点后移，在被移动支路中串联 $1/G(s)$，则变量关系为 $X_2 = X_1 G(s)$ 与 $X_3 = X_1 G(s) \dfrac{1}{G(s)} = X_1$，保证了分支点后移变量之间的数学关系相同。

(6)分支点前移。分支点移到相邻环节 $G(s)$ 之前，在被移动支路中须串联 $G(s)$。

在原方框图中变量的关系为 $X_2 = X_1 G(s)$ 与 $X_2 = X_3$；分支点前移，在被移动支路中串联 $G(s)$，则变量关系为 $X_2 = X_1 G(s)$ 与 $X_3 = X_1 G(s) = X_2$，比较点前移变量之间的数学关系相同。

表 2 - 1　分支点和比较点移动变换原则

序号	移动类型	原方框图	等效方框图
1	交换 分支点	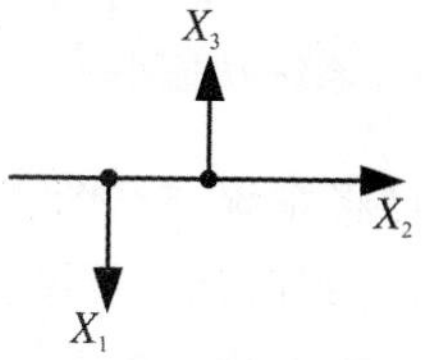	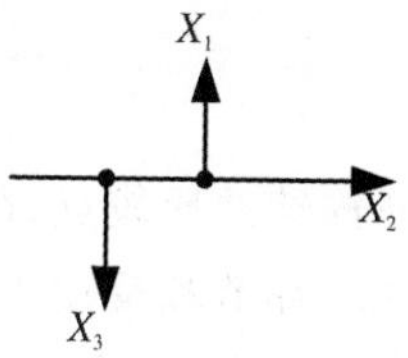
2	交换 比较点	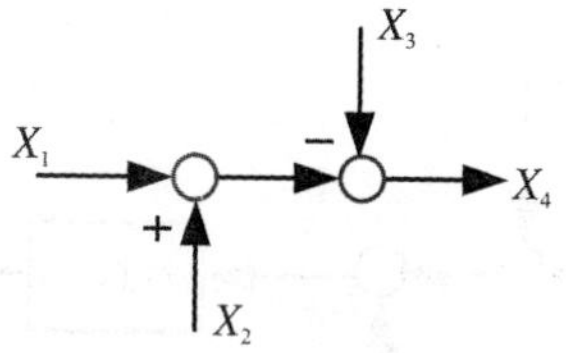	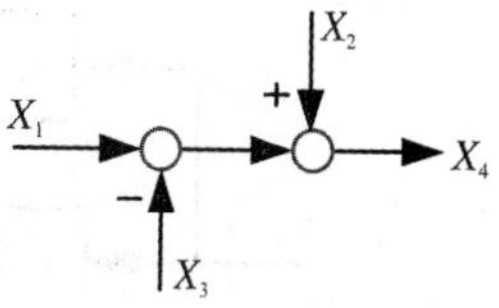
3	比较点 后移	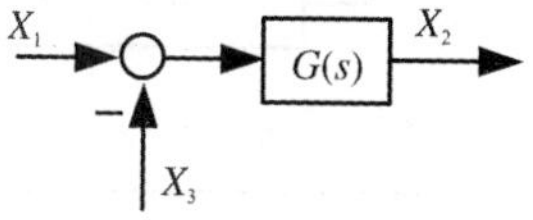	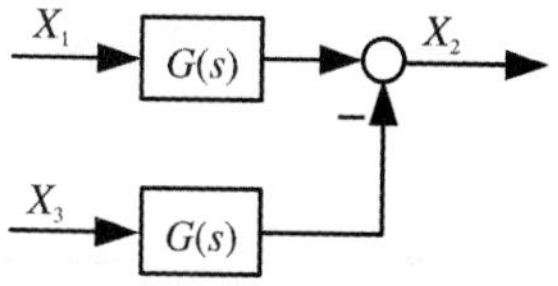
4	比较点 前移	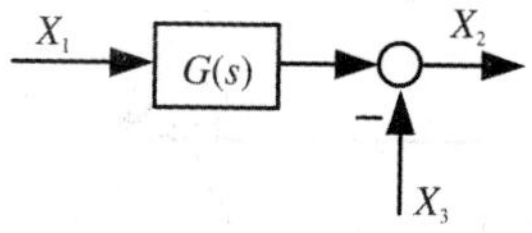	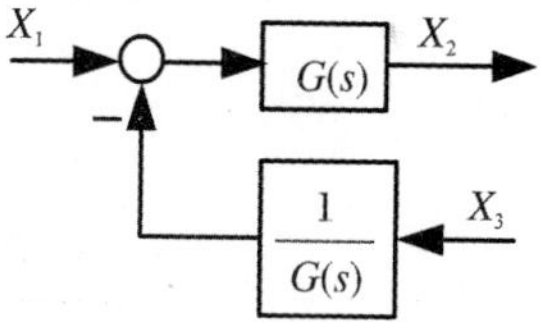
5	分支点 后移	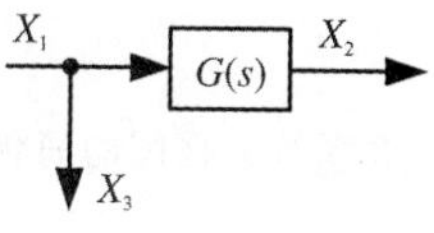	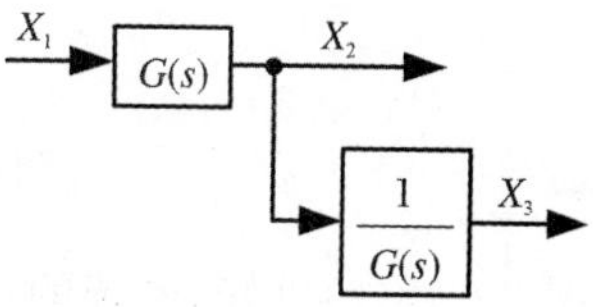
6	分支点 前移	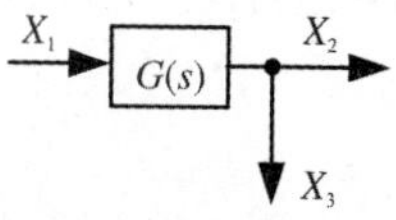	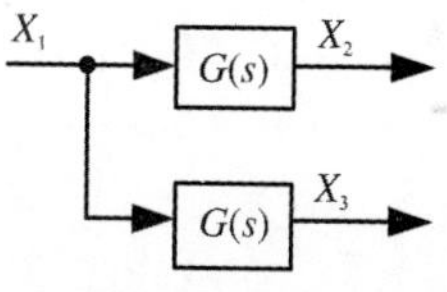

【例 2 - 2】　简化如图 2 - 17 所示系统的方框图，并求传递函数 $X(s)/Y(s)$。

解：根据方框图的连接和分支点、比较点移动的原则，该系统方框图的化简步骤如下：

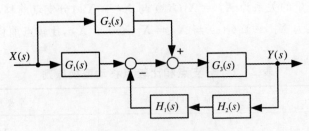

图 2-17　系统方框图

(1)交换连续的比较点,前比较点后移,可将系统方框图变换为图 2-18(a)。

(2)求并联环节和反馈连接的传递函数,得到简化方框图 2-18(b)。

(3)两个环节串联,求系统总传递函数,得到简化方框图 2-18(c)。

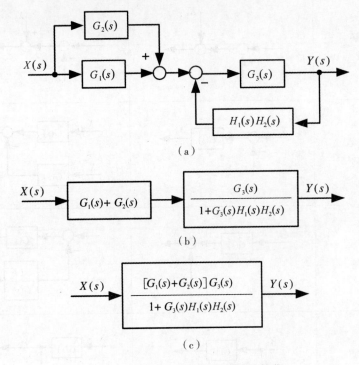

图 2-18　例 2-2 系统方框图的简化

由图 2-18(c)可知,系统的传递函数

$$W(s) = \frac{G_1(s)G_3(s) + G_3(s)G_2(s)}{1 + G(s)H_1(s)H_2(s)}$$

第3章　自动控制系统的过渡过程及性能指标

　　运行中的设备或系统,会受到各种各样的干扰。在干扰作用下,控制系统的输出量,即被控变量(工艺参数)通常会偏离给定值,那么在自动控制装置的调节作用下,系统能否克服干扰的影响使被控变量重新趋于给定值,被控变量随时间的变化过程如何等,这些都是衡量一个自动控制系统能否投入使用需要考虑的问题。为此可通过求解系统的微分方程,分析当系统的输入量变化后、系统输出量随时间变化的特性,即时间响应特性。控制系统的时间响应通常分为瞬态响应和稳态响应两个部分。

　　瞬态响应也称过渡响应。在干扰作用下,系统的输入量发生变化,系统的初始状态受到破坏,系统的输出量就会随时间变化而发生变化,系统进入动态,这个过程称为系统的动态过程,动态过程也称为过渡过程或暂态过程。系统输出随时间变化的过程反映了系统的动态特性。过渡过程是系统动态特性的一个重要部分,在系统达到稳态之前,必须观察或检测输出量的动态变化是否满足系统工艺规定的要求。

　　稳态响应是指当时间 $t \to \infty$ 时系统的输出状态。当 $t \to \infty$ 时,若被控对象平衡和控制器平衡,系统便处于静态或稳态。对象平衡是指流入或流出对象的物料量或能量是相等的,控制器平衡是指比较元件上的偏差信号为零,显然在静态时系统各个环节的参数的变化率为零,参数保持不变,此时输入与输出的关系称为系统的静态特性。静态特性不能表明怎样达到这一平衡的过程以及所经历的时间,但将稳态响应值与给定输入值进行比较,就可得知系统输出量最终复现输入量的程度,即系统的控制精度是否符合设计规定。若稳态响应值与给定输入值完全一致,则系统是无差系统;否则为有差系统,存在静态误差。

　　研究自动控制系统的重点是系统和环节的动态特性,只有认识了系统的动态过程或过渡过程,才能够设计出满足工艺上提出各种要求的、良好的控制系统。

3.1　单位阶跃响应曲线

　　为了便于分析了解系统的动态特性和静态特性,同时也为了对各种控制系统的性能进行评价和比较,就有必要假定一些有代表性的基本输入函数形式。这些根据系统常遇到的干扰信号的形式、在数学上加以理想化的、具有代表性的基本输入函数称为典型输入信号。通过确定性的典型输入信号,就可以得出易于识别的输出响应并获知其动态响应。

　　实际应用时,究竟采用哪一种典型输入信号,取决于系统常见的工作状态,同时在所有可能的输入信号中,往往选取最不利的信号作为系统的典型输入信号。在分析随动控制系统时,作用于系统的典型输入信号可分别取阶跃函数、斜坡函数和抛物线函数信号。对于定值控制系统,为了使系统具有良好的抗干扰能力,通常选取阶跃函数作为典型信号。这是因为阶跃干扰被认为是最不利的干扰,它对系统而言是比较突然、比较危险的,对被控量的影响也最大。如果一个控制系统可以克服阶跃干扰的影响,有较好的过渡响应过程,则对于其他干扰也理应能够克服。

阶跃函数的数学表达式为

$$u(t) = \begin{cases} 0, t < 0 \\ A, t \geqslant 0 \end{cases}$$

式(3-1)表示一个在 $t=0$ 时出现的、幅值为 A 的阶跃变化函数。在实际系统中,这意味着输入为某一常量 A,它在 $t=0$ 时突然加到系统上,而且一经加入就会一直持续地作用。例如负荷的突然增大或减小、流量阀门的突然开大或关小、信号电压或电流的突然跳跃变动等,都可以近似看成为阶跃函数的形式。当阶跃输入的幅值 $A=1$ 时,称为单位阶跃函数。

在自动控制系统的分析设计中,阶跃输入通常取单位阶跃函数形式。单位阶跃函数表示为 $u(t) = 1(t)$,单位阶跃输入函数曲线如图 3-1 所示。

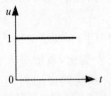

图 3-1　单位阶跃函数

系统在单位阶跃输入信号下,输出量随时间变化的过渡过程响应曲线称为单位阶跃响应曲线。利用阶跃输入信号测取系统或对象动态特性的方法称为阶跃响应曲线法,也称为阶跃法或反应曲线法。阶跃法不需要特殊仪器设备,测量工作量不大,是经常采用的一种简单易行的系统特性测试方法。阶跃信号作用下的阶跃变化是以理想的无穷大速率到达的,而其他形式的变化速率都较慢,因此阶跃响应曲线也被称为飞升曲线。

常见的典型环节中比例环节、积分环节、实际微分环节、一阶惯性环节、滞后环节的阶跃响应曲线如图 3-3 所示,图中 $x(t)$ 为环节的输入, $y(t)$ 为环节的输出。

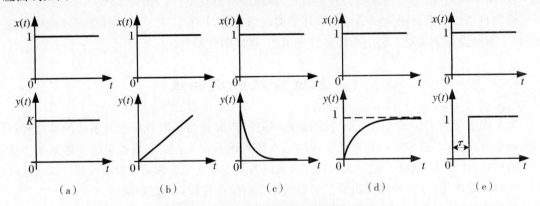

图 3-2　典型环节的单位阶跃响应曲线
(a)比例环节;(b)积分环节;(c)实际微分环节;(d)一阶惯性环节;(e)滞后环节

3.2 过渡过程的基本形式

实际控制系统由于具有惯性、摩擦等性质,系统的输出量一般不会完全复现输入量的变化。根据系统的结构和参数选择原因,在阶跃输入作用下,系统的过渡过程响应曲线,即过渡过程有衰减、发散和等幅振荡三种类型。控制系统的过渡过程是衡量控制系统品质优劣的依据。

1. 衰减的过渡过程

衰减的过渡过程是稳定的过渡过程。在衰减的过渡过程中,被控变量 $c(t)$ 的稳态值是 $t \to \infty$ 时趋近的某一有限值 M,即 $c(\infty) = \lim\limits_{t \to \infty} c(t) < M$,这样的系统是稳定的,在衰减过渡过程中,稳定是一个自动控制系统首要的要求。衰减的过渡过程如图 3 - 3(a)所示,它有衰减振荡和非周期振荡两种形式。由图 3 - 3(a)可以看出,被控变量在经过一段时间后能逐渐趋向原来的或新的数值,系统重新达到平衡状态,这是通常人们所希望的。

衰减振荡过程的特点是被控变量上下波动,且幅度逐渐减少,在经过一段时间的振荡后很快地趋于一个新的稳定值。对于衰减振荡过渡过程而言,系统能够较好地将稳、准、快三个指标结合起来,是自动控制系统中比较理想的过渡过程。因此在多数情况下,我们都希望自动控制系统在干扰作用下,能够得到衰减振荡过渡过程。非周期衰减过程中被控变量在给定值的某一侧做缓慢变化,没有来回波动,最后稳定在某一数值上。对于非周期的衰减过程,理论上是允许的,但由于这种过渡过程太长变化较慢,被控变量在控制过程中长时间地偏离设定值,不能很快地恢复平衡状态,所以一般不采用。

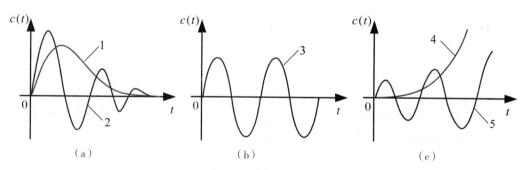

图 3 - 3 系统过渡过程的基本形式
(a)衰减的过渡过程;(b)等幅振荡过渡过程;(c)发散的过渡过程
1—非周期衰减;2—衰减振荡;3—等幅振荡;4—非周期扩散;5—发散振荡

2. 等幅振荡过渡过程

在等幅振荡过程中,被控变量 $c(t)$ 在给定值附近来回波动且波动幅度保持不变,等幅振过程如图 3 - 3(b)所示。等幅振荡过渡过程介于稳定与不稳定之间,一般也认为是不稳定的过渡过程或临界稳定的过渡过程。在连续的控制系统中,临界稳定认为是不稳定、不允许的。但对于某些控制质量要求不高的场合,如果被控变量允许在工艺所许可的范围内变动(主要指在位式控制时,例如室温的双位控制系统),那么这种过渡过程的形式可以采用,也能达到满意的效果。

3. 发散的过渡过程

发散的过渡过程是不稳定的过渡过程。在控制过程中,被控变量 $c(t)$ 的波动幅度随时间的进行会越来越大,越来越偏离系统的给定值,系统将无法达到平衡状态,这种系统是不稳定的。它将导致被控变量超越工艺允许范围,严重时会引起事故,这是生产上所不允许的,应竭力避免。发散的过渡过程如图 3 - 3(c)所示,它有非周期的扩散和发散振荡两种形式。

3.3 控制系统的性能指标

3.3.1 控制系统的性能指标

控制系统控制品质的优劣,反映了控制系统克服干扰能力的大小。自动控制系统的性能的评价指标可以从稳定性、准确性及快速性三个方面进行描述。

(1)稳定性。

稳定是系统性能中最重要、最根本的指标,稳定性是一个系统能否正常工作的首要且必要的条件。系统在受到干扰后,被控量总会偏离给定值并产生一个初始偏差。一个稳定的控制系统,其过渡过程是衰减的,即其被控量偏离给定值的初始偏差应随时间的增长逐渐减小或趋于零。不稳定的控制系统其过渡过程是发散的,即系统在受到干扰后其被控量与给定值之间的初始偏差会随时间的进行而逐渐增大。不稳定的控制系统无法实现预定的控制任务。只有在稳定的前提条件下,才能够讨论系统的其他动态指标和静态指标。

(2)准确性。

在理想的情况下,对于一个稳定的控制系统,我们总希望系统在受到干扰后,被控量偏离期望值的初始偏差会随时间的增长逐渐减小或趋于零,最终使被控量与期望值一致。但实际上,系统结构、外作用的形式以及摩擦、间隙等非线性因素的影响,总会使系统在稳定后,被控量的稳态值与期望值之间有误差存在,这个误差称为稳态误差。稳态误差是衡量系统控制精度的重要标志,反映了控制系统的准确性。稳态误差值越小,控制系统的准确性就越好。系统应能够提供尽可能好的稳态调节,准确性主要反映系统的静态性能。

(3)快速性。

快速性是指过渡过程持续的时间。为了能够很好的完成控制任务,在稳定的前提下,控制系统不仅要具有良好的准确性,而且还希望被控变量能够在给定值附近变化且以较快的时间恢复到给定值上。这就需要对系统过渡过程的形式与快慢提出要求,过渡过程时间越短,控制过程进行得越迅速,说明控制系统克服干扰的能力越强。系统应能够提供尽可能好的过渡过程,快速性反映系统的动态性能。

需要强调的是,对同一个系统而言,系统的稳、准、快往往是相互制约的。在稳定性的前提下提高系统的准确性可能会使系统反应迟缓,甚至最终反而降低了系统的控制精度;提高系统的快速性可能会引起系统强烈的振荡,进而会使系统由稳定变为不稳定。定值控制系统在于恒定,即要求克服干扰,使系统的被控参数能稳、准、快地保持接近或等于设定值。随动控制系统的主要目标是跟踪,即稳、准、快地跟踪设定值。

3.3.2 阶跃响应性能指标

不同的控制系统由于控制对象和完成的任务各不相同,所以对具体系统而言所要求的具体性能指标也就不同,但总体来说,都希望实际的控制过程尽量能实现预期的控制目标。在实际应用中,根据过程控制的特点,通常采用系统的阶跃响应性能指标。由于在多数情况下都希望系统得到衰减过渡过程,下面以在单位阶跃信号作用下,如图 3-4 所示的衰减振荡过程为例说明过程控制系统的常用单项性能指标,这些单项性能指标也称为系统的时域控制性能指标。

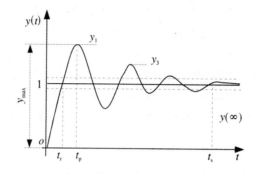

图 3-4 控制系统单位阶跃响应曲线

(1)衰减比和衰减率。

衰减比是衡量振荡过程衰减程度的指标,衰减比 n 等于振荡过渡过程曲线上第一、第二两个波峰值之比,即

$$n = \frac{y_1}{y_3} \qquad (3-2)$$

衰减率是衡量振荡过程衰减程度的另一种指标,它是指每经过一个周期后,波动幅度衰减的百分数。衰减率 φ 为相邻的两个波峰之差与第一个波峰的比值,即

$$\varphi = \frac{y_1 - y_3}{y_1} = 1 - \frac{y_3}{y_1} \qquad (3-3)$$

式中,y_1 为第一个波的幅值;y_3 为第三个波的幅值。衰减比/率与过渡过程的形成之间的关系见表 3-1。

表 3-1 衰减比/率与过渡过程的形式

波峰值比较	衰减比	衰减率	过渡过程	系统是否稳定
$y_1 > y_3$	$n > 1$	$0 < \varphi < 1$	衰减	稳定
$y_1 = y_3$	$n = 1$	$\varphi = 0$	等幅	临界稳定
$y_1 < y_3$	$n < 1$	$\varphi < 0$	发散	不稳定

由表 3-1 可以看出,系统要稳定,就要求衰减率 $\varphi > 0$,这是系统是否可用的必要条件。φ 的数值可以判别控制系统是否稳定以及系统过渡过程的形式。衰减比反映了过渡过程振荡剧烈程度,用它可以判断系统能否建立新的平衡以及建立新平衡的快慢程度。衰减率太

小,过渡过程的衰减很慢,与等幅振荡接近,但由于振荡过于频繁,一般不采用。如果衰减率很大,接近于 1,则过渡过程接近非周期衰减即单调过程,这时过渡过程时间较长,通常也不采用。

衰减比习惯上用 $n:1$ 表示。过程控制系统通常取衰减比为 $4:1$,此时系统衰减率 $\varphi = 0.75$,系统的过渡过程比较理想,大约经过两次振荡就认为系统可以进入稳定,调节过程收敛快慢适中。当衰减比 $4:1$ 到 $10:1$ 之间时,衰减率在 $0.75\sim0.9$ 之间,过渡过程开始阶段的变化速度比较快,被控变量在受到干扰作用的影响后,能比较快地达到一个高峰值,然后马上下降,又较快达到一个低峰值,而且第二个峰值远远低于第一个峰值之值,被控变量再振荡数次后就会很稳定下来,并且最终的稳态值必然在高、低峰值之间,决不会出现太高或太低的现象,更不会远离设定值以至造成事故。

(2)最大偏差与超调量。

最大偏差是指在阶跃响应中被控变量偏离最终稳态值的最大数值,是系统的最大动态偏差。在衰减振荡过程中,最大偏差表现为过渡过程开始的第一个波峰值与被控量稳态值之差。最大偏差占被控变量稳态值的百分比称为超调量,超调量记作 σ,即

$$\sigma = \frac{y_{max} - y(\infty)}{y(\infty)} \tag{3-4}$$

式中,$y(\infty)$ 表示阶跃响应的稳态值;y_{max} 表示阶跃响应的最大值。

最大偏差表示系统瞬间偏离给定值的最大程度,是过程控制系统动态准确性的衡量指标。若被控变量若偏离给定值越大,偏离时间越长,则表明系统离开规定的工艺参数指标就越远,这对稳定正常生产是不利的,因此,最大偏差或超调量可以作为衡量系统质量的一个品质指标。一般来说,最大偏差或超调量还是小些为好。有时干扰会不断出现,当第一个干扰还未消除时,若第二个干扰出现,偏差有时可能会叠加在一起,这就更需要限制最大偏差的允许值。因此在决定最大偏差允许值时,应根据工艺要求慎重选择。

(3)稳态误差。

稳态误差是当过渡过程终了时被控变量所达到的新稳态值与给定值之间的偏差。稳态误差也叫做静差,它是过渡过程终了时的残余偏差。在生产中,给定值是主要的技术指标,被控变量越接近给定值,控制系统的残余偏差就越小,控制系统的控制精度就越高,准确性就越好。稳态误差是过程控制系统准确性的质量指标,稳态误差的大小要求应根据具体情况而定。

(4)调节时间 t_s。

从干扰作用发生的时刻起,直到系统重新建立新的平衡时,过渡过程所经历的时间称为调节时间,严格来讲,对于具有一定衰减比的衰减振荡过渡过程来说,要完全达到新的平衡状态需要无限长的时间。实际上,由于仪表灵敏度的限制,当被控变量接近稳态值时,指示值就基本上不再改变了。因此,一般是在稳态值的上下规定一个小范围,当被控变量进入这一范围并不再超出时就认为被控变量已经达到新的稳态值,或者说过渡过程已经结束。这个范围一般定为稳态值的 $\pm 5\%$,按照这个规定,调节时间就是从干扰开始作用时起,直至被控变量进入新稳态值的范围内且不再越出时所经历的时间。调节时间越短,表示过渡过程进行得越迅速,受到干扰后稳定得越快。这时既使干扰频繁出现,系统也能适应,系统控制质量就高;反之调节时间太长,第一个干扰引起的过渡过程尚未结束,第二个干扰就已经出现,这样,几个干扰的影响叠加起来,就可能使系统不符合生产工艺要求。

（5）上升时间 t_r。

上升时间有三种定义：过渡过程曲线从稳态值 10％上升到 90％所需的时间；从稳态值的 5％上升到 95％所需的时间；从 0 上升到第一次达到稳态值所需的时间。上升时间反映了响应的快速性。

（6）峰值时间 t_p。

峰值时间为过渡过程曲线达到第一个峰值所需的时间，它是一个表征系统输出量在输入作用下上升快慢的参数。峰值时间短说明控制装置的调节作用明显，但动态偏差比较大。

调节时间是过程控制系统快速性的指标，它反映了系统的整体快速性。上升时间、峰值时间则反映了系统初始化快速性。

第4章　单回路控制系统

　　单回路控制系统也称简单控制系统,其典型方框图如图4-1所示,它是由一个被控对象、一个测量变送器、一个控制器和一个执行器(控制阀)组成的,并且被控参数只有一个单回路的反馈控制系统。在所有反馈控制系统中单回路控制系统是最基本、结构最简单的一种,是最基本的过程控制系统。有时为了方便分析问题,把执行器(控制阀)、被控对象和测量变送装置合在一起,称为广义对象。这样系统就归结为控制器和广义对象两部分。

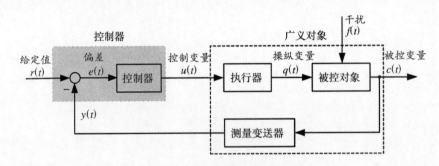

图4-1　单回路控制系统方框图

　　单回路控制系统结构比较简单,所需的自动化装置数量少,投资低,操作维护方便,一般情况下,单回路控制系统都能满足控制质量的要求,能解决生产过程中的大量控制问题。单回路系统是热工过程自动控制中最基本的单元,是组成复杂系统的基础,即使在高水平的自动控制方案中,它依然占据主导地位。据统计,生产过程中70%以上的控制系统都是单回路控制系统。只有在单回路控制系统不能满足生产要求的情况下,才用复杂的控制系统,并且复杂的控制系统是在简单控制系统的基础上构建的,了解单回路控制系统中各个组成环节对控制系统性能的影响,是学习和掌握其他各类复杂控制系统的基础。

　　单回路控制系统根据被控参数的不同,可以分为温度控制系统、压力控制系统、流量控制系统和液位控制系统等,它们都具有相同的方框图。

4.1　被控对象

　　被控对象是自动控制系统中最基本的也是最重要的一个环节,一切设备都服从于它。一个控制系统性能的优劣,在很大程度上取决于被控对象的特性。控制器只不过是根据被控对象的特性将调节过程的质量指标加以改善而已。不清楚对象的特性而随意选用控制器、调节阀,有时可能会得到和预期相反的效果。对被控对象的特性做全面分析和测定是一个自动控制系统设计和整定的基础。

建立对象的数学模型是研究被控对象特性的重要途径,对于简单的对象可采用机理分析法建立对象的微分方程或传递函数,对于复杂的对象可采用实验测定的方法获得其数学模型,阶跃响应曲线法就是利用阶跃输入信号测取对象动态特性的一种方法。利用机理法建立对象的微分方程在第 2 章中已经讲述,在此仅说明对象的某些基本性质以及对象的特征参数。

4.1.1 对象的负荷

当自动控制系统处于稳定状态时,单位时间内流入或流出对象的物料量或能量称为对象的负荷。对象的负荷变化会引起被控参数的变化,而被控参数一旦偏离给定值,控制器就要产生控制作用使控制系统进入新的调节过程。

以恒温室温度控制系统为例,被控对象恒温室的室内温度为被控参数,当室内温度保持恒定时,单位时间内流入或流出恒温室的热量就是对象的负荷。由于恒温室内的空气状态经常受到室内、室外因素的影响,那么不同时期恒温室对象的负荷也在发生变化,即单位时间内流入和流出空调房间的热量在不断地变化,因此为了保持室内温度的恒定,就需要通过调节流入和流出空调房间的热量以保持恒温室内的温度恒定。如果将单位时间内流出恒温室的热量作为恒温室对象的负荷,那么在冬季流出恒温室的热量多,热负荷就大;在春季流出恒温室的热量少,热负荷就小。

在相同的干扰作用下,负荷变化剧烈的对象对自动控制装置的要求会比较高,如测量变送器要有较高的灵敏度,以便能够迅速地检测出被控量的微小变化;控制器能够快速计算出偏差并快速产生输出信号;执行器能快速动作,以实现被控对象的及时控制,使系统或对象能迅速恢复到平衡状态,被控参数量趋于给定值。否则系统将无法实现对被控对象的控制,无法完成控制任务甚至造成生产事故。因此当对象的负荷变化速度剧烈时,自动控制系统对控制装置的要求是较为严格的。如果对象的负荷变化速度比较缓慢,则可以根据实际情况适当降低对控制装置的要求。

4.1.2 对象的容量

对象中当物料或能量的流出口上存在某种阻力时,就会构成容量,如果在对象的流出口不存在阻力,则对象就没有容量可言。任何一个被控对象都能储存一定的物料量或能量。当被控变量等于给定值时,在对象中所能储存的物料量或能量称为对象的容量。例如当空调房间内的温度等于给定值时,空调房间内所储存的热量称为空调房间的容量。对应于不同的温度给定值,空调房间的热容量不同。

对象的被控参数决定了对象的容量性质。例如,对空调房间而言,当被控参数是温度时,其容量是热容量,单位是焦耳(J);当被控参数为湿度时,其容量是湿容量,单位是克(g)或毫克(mg)。对象容量的大小常以它的容量系数来表示,对象的容量系数就是当被控量改变一个单位值时,相应的对象中需要改变的物料量或能量。例如,当空调房间的被控参数是温度时,温度变化 1℃时空调房间内需要改变的热量的大小就是空调房间的热容量系数,其单位是 J/℃。显然容量系数可以反映对象容量的大小。

在相同的干扰作用下,大容量对象由于具有较大的储蓄能力,反应就较慢,被控参数的偏离给定值的幅度就会比较小,可见大容量对象容易保持平衡状态;小容量对象储蓄能力小,反应就比较剧烈,被调参数与给定值的偏差大,小容量对象不容易保持平衡状态。例如由第2.1.2 节中的描述单容水箱进水量与液位关系的微分方程表达式

$$A \frac{\mathrm{d}h}{\mathrm{d}t} + q_\circ = q_\mathrm{i}$$

可知水箱水位的变化 $\mathrm{d}h/\mathrm{d}t$ 决定于两个因素:一是水箱的横截面积 A,一个是流入量与流出量的差额。在流入量与流出量的差额一定的情况下,水箱的横截面积 A 越大,水位变化 $\mathrm{d}h/\mathrm{d}t$ 则越小,水箱的横截面积 A 是决定水箱水位变化率大小的内因,所以 A 是水箱的容量系数,称为液容 C,它的物理意义是要使水位升高 1 m,水箱内应注入水的体积。

对象有单容对象和多容对象之分,只有一个储蓄容积的对象为单容对象。多容对象通常有两个或多个储蓄容积,它是多个单容对象之间通过某些阻力如热阻力或水阻力等联系形成的,如换热器就属于多容对象。图 4－2 所示为两个串级连接的水箱构成的双容对象。

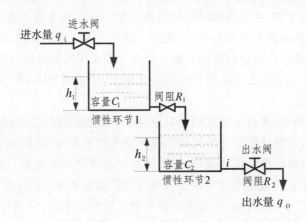

图 4－2　双容水箱示意图

4.1.3　对象的自平衡

自平衡是对象的一个主要特性。当对象受到某个干扰作用后,在没有调节器的作用下,经过一段时间对象的流入量与流出量之间能够重新达到新平衡,使被控变量能够自己稳定到某个新的数值上,这种性质叫做对象的自平衡。把对象的这种过渡过程称为对象的自平衡过程,对象的这种能力称为对象的自平衡能力。

具有自平衡能力的对象,其被控量的变化与对象的流入量和流出量的变化是相互影响的。在干扰信号作用下,具有自平衡能力的对象,虽然最终能恢复到新的平衡状态,但新的稳态值与原稳态值相比可能偏差比较大。如图 4－3(a)所示,对有自平衡能力的单容水箱而言,当水箱进水阀的阀门增大开度时,随着进水量的增加,水箱的进水量与出水量之间原来的平衡关系破坏,水箱中的水位会逐渐上升,同时作用在出水阀上的压头增高,使出水量也会增大,直到水箱出水量的增量与进水量的增量相等为止,此时水箱水位也就重新稳定在一个新的数值上。有自平衡能力的单容水箱水位的阶跃响应特性如图 4－3(b)所示。

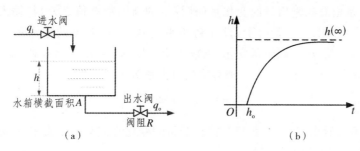

图 4 - 3　有自平衡能力的单容水箱特性

(a)单容水箱水位的自平衡过程；(b)自平衡过程的阶跃响应特性

　　如图 4 - 4(a)所示，单容水箱的出水量是靠一个水泵压送，则水箱的出水量与水位无关。在进水量发生变化后，出水量会保持不变，这样进水量与出水量的差值并不会随水位的改变而有所调整，而是逐渐增大，表现为水箱的水位将会一直上升或下降直至水箱中的水溢出或抽空。对于这样的对象，一旦其平衡工况被破坏，对象就再也无法自行重建平衡，被控变量也不会重新稳定在新的数值上，这就是无自平衡特性。无自平衡过程的单容水箱水位阶跃响应特性如图 4 - 4(b)所示。

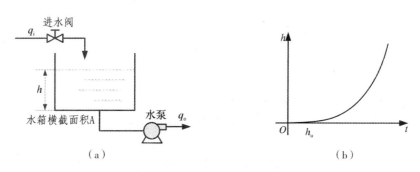

图 4 - 4　无自平衡能力的单容水箱水位

(a)单容水箱水位无自平衡过程；(b)无自平衡过程的阶跃响应特性

　　因此，对无自平衡能力对象而言，其被控量的变化对流入量和流出量均没有影响，那么当干扰作用破坏了流入量和流出量之间的平衡时，被控量不会稳定在某个数值上，无自平衡能力对象的过渡过程是发散的。工业锅炉中的汽包水位对象就是典型的无平衡能力对象，这是因为从汽包水位反应汽包的储水量来看，储水量的变化(水位的变化)是由给水量或蒸汽流量变化引起的，而水位变化后，既不能影响给水流量，也不能影响蒸发量。

4.1.4　对象的特征参数

　　阶跃信号作用下，对象的被控量随时间变化的阶跃响应曲线称为对象的飞升曲线。对象的飞升曲线可以直观地表示出对象被控量随时间变化的情况，如变化的快慢以及最终变化的数值等。对象的飞升曲线反映了对象的自平衡过程和自平衡能力。在有滞后的单容对象(一阶惯性环节)的飞升曲线上，采用切线法可以确定对象的特征参数，即放大系数 K、时间常数 T 和滞后时间 τ。

(1)放大系数 K。

放大系数 K 是指对象输出量的变化量(被控量的新旧稳态值之差)与输入量的增量的比值。对象的飞升曲线如图 4-5 所示,设在初始平衡状态时,对象的输入量为 u_0,输出量为 y_0。在 t_0 时刻,输入量 $u(t)$ 做阶跃变化,则输入变化量 $\Delta u = u_1 - u_0$,对象输出量 $y(t)$ 的初始值和稳态值分别为 $y(0)$ 和 $y(\infty)$,则对象的放大系数 K 为

$$K = \frac{\Delta y}{\Delta u} = \frac{y(\infty) - y(0)}{u_1 - u_0} \tag{4-1}$$

由式(4-1)可以看出,放大系数只与被控变量的变化终值与初始值相关,和被控变量的变化过程无关,K 表征了对象的静态特性。

K 表示对象受到干扰后,重新恢复到新的平衡状态的能力,反映了对象的自平衡能力的大小。对象的 K 值大,表示输入信号对输出信号的稳定值影响大,对象的自平衡能力小,稳定性差;对象的 K 值小,对象的自平衡能力大,稳定性好。

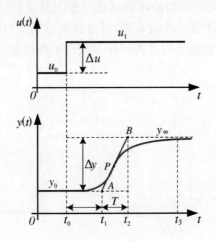

图 4-5 对象的飞升曲线

(2)时间常数 T。

如图 4-5 所示,在对象飞升曲线的拐点 P 处作切线,该切线与初始平衡状态的交点为 A,A 点对应的时刻为 t_1,与新稳态值的渐近线交点为 B,B 点对应的时刻为 t_2,从 t_1 到 t_2 之间的时间段为对象的时间常数 T,即

$$T = t_2 - t_1 \tag{4-2}$$

时间常数 T 是指对象在阶跃信号作用下,被控量以最大的速度变化到新稳态值所需的时间,它反映了被控量变化的快慢程度或对象自平衡过程所需时间的长短,表征了对象惯性的大小。容量系数大的对象,时间常数大,惯性也大,被控量的变化速度慢,控制比较平稳。反之,容量系数小的对象时间常数小,惯性小,被控量的变化速度快,不易控制。例如在相同的干扰作用下,大房间的温度波动要比小房间的小,这是因为容量系数大的房间比容量系数小的房间升温速度要慢,室温达到稳定值所需的时间长。

如图 4-6 所示,对象 1 的容量小,达到新稳态值需要的时间短,时间常数 T_1 小;对象 2 的容量大,达到新稳态值的过程长,时间常数 T_2 大。虽然对象 1 与对象 2 的时间常数有 $T_1 <$

T_2,但是两个对象的放大系数 K 相同,因此,对象的容量系数与放大系数无关。

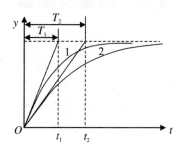

图 4-6　对象的容量与时间常数

(3)滞后时间 τ。

实际工程中,有不少对象在输入信号发生变化后,被控量并不立刻发生变化,而是要经过一段时间后才发生变化,这段时间我们称为滞后时间或延迟时间。在图4-5中,从初始时刻 t_0 起到 t_1 时刻之间的时间段为对象的滞后时间 τ,即

$$\tau = t_1 - t_0 \tag{4-3}$$

对象的滞后分为纯滞后和容量滞后两种。产生纯滞后是因为从调节机构到对象存在一定的距离,物料量或能量的传输需要一定的时间,所以纯滞后又叫作传输滞后,纯滞后时间等于物料量或能量的传输距离 l 除以传输速度 v,即

$$\tau_0 = \frac{l}{v} \tag{4-4}$$

传输距离越长或传输的速度越慢,纯滞后时间就越长。传输距离和传输速度是构成滞后的主要因素,大多数过程都或多或少存在一定程度的传输滞后。

在多容对象中还存在着容量滞后。容量滞后是由于物料量或能量从流入到流出之间过渡时,在容量之间存在阻力而产生的。例如制冷剂要冷却空气,必须先克服金属管壁的热阻,才能使室温发生变化。对象的容量数越多容量滞后也就越大,这是因为在输入信号变化后,存在多个中间容量,会使输出变化更加缓慢。

对象存在滞后,会导致扰动引起被控变量的变化不能及早发现。在滞后时间之内,控制装置无法实现对被控变量的调节,被控变量是自由变化的,降低了控制质量和系统的稳定性,增大了系统的偏差,延长了调整时间。

总之,热工对象按照自平衡能力可分为有自平衡和无自平衡两大类;按照对象具有储存物料或能量的容量个数,可分为单容对象和多容对象。单容对象只有纯滞后,多容对象既有纯滞后也有容量滞后。

有自平衡单容对象可等效为一阶惯性环节,其传递函数为

$$G(s) = \frac{K}{Ts+1} \text{ 或 } G(s) = \frac{K}{Ts+1}\mathrm{e}^{-\tau s}$$

有自平衡多容对象的传递函数为:

$$G(s) = \frac{K}{(Ts+1)^n} \text{ 或 } G(s) = \frac{K}{(Ts+1)^n}\mathrm{e}^{-\tau s}$$

其中,K 为放大系数;T 为时间常数;τ 为滞后时间;n 为惯性环节的个数;$\mathrm{e}^{-\tau s}$ 为滞后环节。

4.2　测量变送器

测量变送环节一般由敏感元件和变送器两部分组成。敏感元件的作用是检测生产过程中需要监控的参数,如温度、压力、流量等。变送器的作用是将检测元件的输出信号转换成统一的标准信号,以实现信号的远距离传送。变送器输出的信号送往显示仪表、指示或记录工艺参数量,或同时送往控制器对被控变量进行控制。在模拟仪表中,标准信号通常采用 4~20 mA、1~5 V、1~10 mA 电流或电压信号;在现场总线仪表中,标准信号是数字信号。

在自动控制系统中,控制器是根据测量值的信号产生相应的调节动作,如果敏感元件及变送器的性能不好,就会发出不正确的信号,甚至可能使控制器产生误动作,导致自动控制系统失调而不能正常工作,因此对测量变送环节的性能要重视。过程控制对测量变送仪表的基本要求如下:

(1)准确。测量值能正确反映被控或被测变量的值,测量误差小。

(2)迅速。测量值能迅速、及时反映被控或被测变量的变化,延迟小。

(3)可靠。能在环境工况下长期稳定运行,保证测量值的可靠性。

各种各样的检测元件和变送器虽然从结构及工作原理上看各不相同,但是从环节的输入、输出看,它们的数学模型都可以用带时滞的一阶惯性环节近似描述,其传递函数为

$$G_m(s) = \frac{K_m}{T_m s + 1} e^{-\tau_m s} \tag{4-5}$$

式中,K_m、T_m、τ_m 分别为测量变送环节的三个特征参数,即比例放大系数、时间常数和滞后时间。

测量变送环节的滞后包括容量滞后和纯滞后,滞后会对控制质量会造成一定的影响。测量变送元件由于自身相当于惯性环节,时间常数 T_m 的存在会导致容量滞后。容量滞后总会使测量变送装置的输出信号小于其输入信号,即任何时刻所得到的被控变量的测量值都会比真实值小。这样,从变送器输出看,虽然被控参数没有超出所允许的范围,被控制得很好,但这只是一种假象,实际上被控参数的数值可能早已超出了允许的范围。时间常数越大,这种假象就越严重。除此之外,参数变化的信号传递到检测点需要一定的时间,会产生测量环节纯滞后;由于工业现场与控制室总是相隔较远,通过信号传输管线将现场变送器的输出信号送往控制室内的控制器、将控制器的输出信号送至现场的控制阀,这样就产生了信号传送滞后,即测量传送滞后和控制信号传送滞后。

选用惯性小的检测元件可减小测量变送环节时间常数和容量滞后。选择合适的检测点位置、减小信号的传输距离可减小测量变送环节的纯时滞。成分检测变送环节的时间常数和时滞会很大,采用保护套管温度计的时间常数也较大,因此必须引起注视。流量参数的测量纯滞后一般都比较小。

热工过程中相对于对象的时间常数,大多数测量变送环节的时间常数都比较小;一般都把对象、测量变送装置和控制阀三者合在一起,视为广义对象,这样测量变送装置的纯滞后就可以合并到对象中一并进行考虑,此时测量变送环节就可看成是一个比例环节。

4.3 执 行 器

4.3.1 执行器概述

在自动控制系统中,执行器是自动控制系统的操纵环节,它处于过程控制回路的最终位置,是控制系统的末端控制单元。执行器的作用就是根据控制器的输出信号调节流体的流量或流速,使被控参数维持在所要求的数值上或处于一定的范围内,实现对生产过程的控制。在如图 4-7 所示的储液罐液位控制系统中,执行器即电动调节阀就是根据液位控制器输出的控制信号调节储液罐的流入量,从而实现对液位参数的控制。

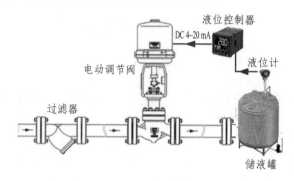

图 4-7 液位控制系统

执行器一般由执行机构和调节机构两部分组成,其结构如图 4-8 所示。过程控制中常用的执行器是调节阀,图 4-9 所示为调节阀的实物图。执行机构是执行器的推动部分,它根据控制器输出控制信号的大小产生相应的推力或位移;调节机构与被控对象直接接触,是执行器的调节部分,它将执行机构传送来的信号转换为阀杆的位移信号,改变阀芯与阀座之间的流通面积,实现对工艺介质流量或流速的调节。

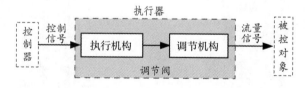

图 4-8 执行器的基本结构

按照执行器执行机构工作的动力能源不同,执行机构分为电动、气动、液动三种,调节机构部分是通用的,可以与气动执行机构匹配,也可以与电动执行机构或其他执行机构匹配。电动执行器采用电动执行机构,以电为动力源,信号传输速度快、传输距离长、动作灵敏、精度高、安全性好,但其缺点是体积较大、结构复杂、成本较高、维护麻烦。气动执行器采用气动执行机构,以压缩空气为动力源,通常气动压力信号的范围为 0.02～0.1 MPa,其结构简单、紧凑、价格较低,工作可靠,维护方便,特别适合于防火防爆的场合。气动执行器的缺点是必须要配置压缩空气供应系统。液动执行器采用液动执行机构,以液体介质(如油等)压力为动力源,其特点是推力大,一般要配置压力油系统,适用于特殊场合。过程控制中最常用的执行器是气动执行器和电动执行器。

图 4-9　调节阀实物图

4.3.2　电动执行器

电动执行器使用电动执行机构,它是以电能为工作能源来驱动调节机构的。电动执行器的调节机构部分与气动执行器是通用的。

电磁阀的外形通常如图 4-10(a)所示,图 4-10(b)为直动式电磁阀的结构。电磁阀是一种最简单的电动执行器,也称开关阀,只有通、断两种状态。电磁阀接受来自控制器的开关量信号,使线圈通电或失电,控制铁芯移动,使阀门全开或全闭,从而实现对流体的截止控制。电磁阀通常安装在小口径管道上,用在小流量和小压力且要求开关频率大的地方,是快开和快关的。电磁阀结构简单、价格低廉,常和双位式控制器组成简单的自动调节系统,在暖通空调系统中广泛使用。

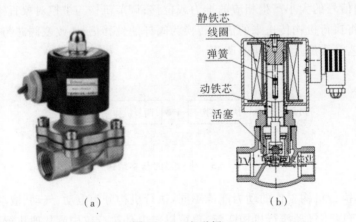

（a）　　　　　　　　　　（b）

图 4-10　电磁阀
(a)电磁阀;(b)直动式电磁阀结构图

电动调节阀是使用电动机作为动力元件驱动阀杆带动阀芯动作的电动执行器。电动调节阀是连续控制阀,可连续动作,它将来自控制器的 DC 4~20 mA 的电信号转变为相应的阀门开度信号,实现对流体的连续调节。

电动执行器的电动执行机构按作用方式可分为直行程执行机构和角行程执行机构。角行程执行机构以电动机为动力元件,将输入的直流电信号转换为角位移(0～90°转角),适用于蝶阀、球阀、角行程风门和挡板等旋转式调节阀。直行程执行机构接收到电信号后,使电动机转动,然后经过减速器减速输出直线位移信号,适用于单座调节阀、双座调节阀、三通等各种调节阀和其他直线式控制机构。直行程执行机构和角行程执行机构的工作原理完全相同,只是减速器的机械部分有所区别。由于电机的功率较大,所以这种电动执行器多用于就地操作和遥控,在热工过程中也被广泛使用。电动执行机构具有动作迅速、响应快、所用电源取用方便,传输距离远等特点。

连续动作的电动执行机构接收 DC 0～10 mA 或 DC 4～20 mA 的标准电信号,它是一个闭环随动系统,主要由伺服放大器、伺服电动机、减速器、位置反馈器和操作器五部分组成,其工作原理如图 4-11 所示。控制器输出的电信号,经伺服放大器放大后转换为电动机的正转、反转或停止信号。减速器带动阀杆移动,同时阀杆行程经位置反馈器反馈给伺服放大器,组成位置随动系统;依靠位置负反馈,可保证输入信号准确地转换为阀杆的行程。

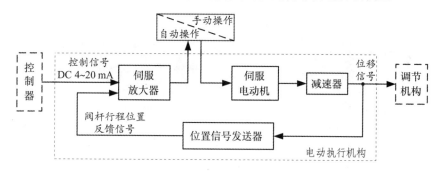

图 4-11　电动执行机构工作原理图

电动执行机构一般配备操作器,可进行手动操作和电动操作的切换。当操作器的切换开关切换到手动位置时,来自控制室的远方信号可直接控制伺服电机,进行手动遥控操作。配备的手轮,必要时可由人工在现场就地进行手动操作。减速器在电机和调节机构之间起匹配转速和传递转矩的作用,是一种相对精密的机械,使用它的目的是降低转速,增加转矩。

电动执行机构与阀体连接的方式可以分开安装再用机械装置把两者连起来,也可以安装固定在一起。有些产品在出厂时就是执行机构与阀体连为一体的电动执行器,如图 4-12 所示。

图 4-12　电动执行器的结构

4.3.3 气动执行器

气动薄膜调节阀是一种常用的气动执行器。气动执行器的气动执行机构往往和调节机构形成一个整体。如图 4-13 是典型的力平衡式气动薄膜调节阀的结构示意图,它的上半部分是执行机构,主要由膜片、推杆和弹簧组成,下半部分为调节机构,即阀体。代表控制信号的标准压力信号 $p(0.02\sim0.1$ MPa$)$ 由气动薄膜调节阀的顶部引入,作用在膜片上产生向下的推动力,使得固定在膜片上的推杆向下移动,推动阀杆,改变阀芯与阀座之间流通面积,达到控制流量的目的。推杆在向下移动时也压缩弹簧,当推杆的推力与弹簧的作用力相平衡时,阀杆停止移动,阀芯停留在需要的位置上。气动薄膜调节阀执行机构在平衡时推杆的位移与输入气压信号大小成比例特性,调节螺丝的作用是改变压缩弹簧的起始压力,调整执行机构的工作零点。

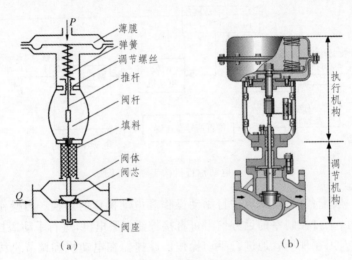

图 4-13　气动薄膜调节阀
(a)气动薄膜调节阀结构示意图;(b)所动薄膜调节阀实物结构图

比较电动调节阀和气动薄膜调节阀的工作原理就会发现,电动执行机构是一个反馈控制系统,它的位置反馈保证了电动执行器的定位精度。而气动调节阀则没有内部的反馈回路,由于被控介质压力、温度以及阀杆的摩擦力都会发生变化,一般很难保证阀门的开度与控制信号完全一致,所以,气动执行器有时还会配备一种辅助装置即阀门定位器。阀门定位器与气动调节阀的连接如图 4-14 所示。

在控制器输出的控制信号进入阀门定位器后,会成比例的转换为气压信号,该气压信号作用于气动执行机构,使阀杆产生位移,这个位移量同时通过一定的机构反馈至阀门定位器,阀杆位移的反馈信号与控制信号进行比较,直至偏差结果为零时阀杆停止动作,保证了阀的开度与控制信号相对应。由此可见,气动阀门定位器和气动调节阀配合组成了一个负反馈系统,它可以克服影响阀门开度的各种扰动,提高气动调节阀的定位精度和灵敏度。对于一些响应较慢的控制过程,阀门定位器还可以有效地克服气压信号的传递滞后,提高调节阀的响应速度。阀门定位器还可以用来改变调节阀的特性、组成特殊的控制系统。

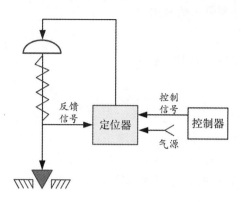

图 4-14　阀门定位器与气动调节阀的连接

　　另外,在实际控制系统中,电动与气动信号常是混合使用的,这样做可以取长补短,如控制器等采用电信号,执行器采用气动信号,这样的设计是很多的。特别是以计算机控制为核心的先进控制系统,只能对电信号进行处理。因此,气动执行器与控制器、变送器相连接时,就需要有电-气转换器,如图 4-15 所示。电-气转换器的作用就是实现电信号与气压信号之间的转换。

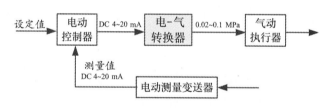

图 4-15　电-气转换器的作用

4.3.4　调节阀的流通能力

　　在过程控制中,执行器的调节机构通常是调节阀,也称为控制阀。调节阀与普通阀门一样,主要由阀杆、阀体、阀芯及阀座等部件组成,它实际上是一个局部阻力可以改变的节流元件。调节阀根据执行机构的输出信号,带动阀杆使阀芯在阀体内上下移动,阀芯的行程改变时,阀芯与阀座之间流通面积也随之发生改变,从而实现调节通过的介质流量的目的。

　　(1)调节阀的流量方程

　　由流体力学可知,在不可压缩性流体情况下调节阀实际应用的流量方程为

$$q_V = \frac{A}{\sqrt{\xi}} \sqrt{\frac{2\Delta p}{\rho}} \qquad\qquad (4-6)$$

式中,ρ 是流体密度;ξ 是调节阀的阻力系数,与阀门的结构形式及开度有关;A 是调节阀连接管的截面积,$A = \pi D_g^2/4$,D_g 是阀的公称直径;Δp 是阀前后的压差。

　　由式(4-6)可以看出,流过调节阀的流体流量 q_V 与调节阀的开度即流通面积、阀两端的压差、流体种类、阀门口径及阀芯、阀座的形状等因素有关。在阀前后压差 Δp 和密度 ρ 一

定时,阻力系数 ξ 减小,则流量 q_V 增大;阻力系数 ξ 增大,则流量 q_V 减小。调节阀通过改变阀芯行程来改变阻力系数 ξ,达到调节流量的目的。

(2)调节阀的流通能力

令 $K_V = \sqrt{2}\dfrac{A}{\sqrt{\xi}}$,则调节阀的流量方程为

$$q_V = \frac{A}{\sqrt{\xi}}\sqrt{\frac{2\Delta p}{\rho}} = K_V\sqrt{\frac{\Delta p}{\rho}} \qquad (4-7)$$

称 K_V 为调节阀的流量系数。K_V 值的大小反映了通过阀的流量,即调节阀流通能力的大小。

调节阀的流通能力 C 是指在调节阀全开、阀的前后压差为 100 kPa、流体密度为 1 000 kg/m³ 时每小时通过的体积流量,是调节阀的额定流量系数 K_V。即

$$C = K_V = 5.09\frac{A}{\sqrt{\xi}} \qquad (4-8)$$

流通能力 C 的大小与阀芯、阀座的结构尺寸及流体种类、性质、工况等许多因素有关,它是反映调节阀口径大小的一个重要参数。已知阀的公称直径为 D_g,调节阀的接管截面积 $A = \dfrac{1}{4}\pi D_g^2$,则

$$C = 4.0\frac{D_g^2}{\sqrt{\xi}} \qquad (4-9)$$

因此,调节阀的流量方程也可表示为

$$q_V = C\sqrt{\frac{10\Delta p}{\rho}} \qquad (4-10)$$

在已知压差 Δp 和液体密度 ρ 及需要的最大流量 $Q_{V\,max}$ 的情况下,根据式(4-9)可确定阀的流通能力 C。在一定条件下,阻力系数 ξ 是一个常数,进一步由式(4-9)可确定阀门的口径及结构形式。在调节阀的手册上,对不同口径和不同结构形式的阀门分别给出了流通能力 C 的数值,可供用户选用。

4.3.5 调节阀的流量特性

从过程控制的角度来看,流量特性是调节阀最重要的特性。调节阀的流量特性对整个控制系统的调节品质有很大的影响,调节阀的特性选择不当、阀芯在使用中会因受腐蚀或磨损使特性变坏都会使系统的控制品质降低,甚至造成控制系统工作不正常。

调节阀的流量特性是指介质流过阀门的流量与阀门开度之间的函数关系。一般用相对流量和阀门的相对开度表示,即

$$\frac{q}{q_{max}} = f\left(\frac{l}{L}\right) \qquad (4-11)$$

式中,q 是调节阀在某一开度 l 时的流量;q_{max} 是调节阀全开开度为 L 时的全开流量;q/q_{max} 表示相对流量;l/L 表示相对开度,这里 l 和 L 都是指阀芯的行程。

1.调节阀的理想流量特性

理想流量特性也称为固有流量特性,它是当调节阀前后压差固定不变时,阀芯位移与流量之间的关系特性。调节阀的理想流体特性有快开、直线、抛物线和等百分比四种,典型的理想

流量特性曲线如图 4 - 16 所示,图中阀芯位移和流量都用自己的最大值的百分数表示。

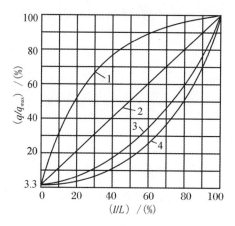

图 4 - 16　调节阀的理想流量特性曲线
1—快开;2—直线;3—抛物线;4—等百分比

调节阀的阀芯形状如图 4 - 17 所示,主要有快开、直线、抛物线和等百分比四种。快开特性的阀芯是平板型的,加工简单;直线的阀芯曲面较"瘦"。等百分比阀芯曲面较"胖",加工最为复杂。

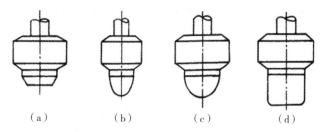

图 4 - 17　调节阀的阀芯形状
(a)快开;(b)直线;(c)抛物线;(d)等百分比

(1)直线流量特性。直线流量特性是指阀门的相对流量与相对开度成直线关系,即调节阀相对开度与所引起的流量变化之比是一个常数,该常数称为调节阀的放大系数 k,即

$$k = \frac{\mathrm{d}\left(\dfrac{q}{q_{max}}\right)}{\mathrm{d}\left(\dfrac{l}{L}\right)} \tag{4 - 12}$$

对式(4 - 12)积分可得

$$\frac{q_V}{q_{Vmax}} = k\,\frac{l}{L} + c \tag{4 - 13}$$

式(4 - 13)中 c 为积分常数。设调节阀所能控制的最小流量为 q_{Vmin},调节阀所能控制的最大流量为 q_{Vmax}。一般 q_{Vmin} 是全开流量 q_{Vmax} 的 2% ~ 4%,q_{Vmin} 不是调节阀全关时的泄漏量(最小泄漏量),而是比泄漏量大的可以控制的最小流量,调节阀泄漏量仅为最大流量的 0.1% ~ 0.01%。

调节阀所能控制的最大流量与最小流量的比值是调节阀的可调范围,记为 R,即

$$R = \frac{q_{Vmax}}{q_{Vmin}} \qquad\qquad (4-14)$$

R 也称为调节阀的可调比,它反映了调节阀的调节能力。通常 R 取 20～50 之间的数,国产调节阀的理想值为 $R=30$。

由式(4-13)分析可知

当阀芯行程 $l = 0$ 时,$q_V = q_{Vmin} = cq_{Vmax}$,则

$$c = \frac{q_{Vmin}}{q_{Vmax}} = \frac{1}{R}$$

当阀芯行程最大时 $l = L$,则

$$k = 1 - c = 1 - \frac{1}{R}$$

因此直线流量特性的相对流量与相对开度的关系就可表示为

$$\frac{q_V}{q_{Vmax}} = \frac{1}{R} + \left(1 - \frac{1}{R}\right)\frac{l}{L} \approx \frac{l}{L} \qquad\qquad (4-15)$$

由式(4-15)可以看出直线流量特性调节阀的相对流量 q_V/q_{Vmax} 与阀的相对开度 l/L 成线性关系,但它的流量变化量 Δq 与原有流量之比,即流量相对变化量是不同的。当调节阀可调比 $R=30$,$l/L = 0$ 时,$q_V/q_{Vmax} = 0.033$。

理想直线流量特性曲线上相对流量与相对开度之间的数据见表 4-1。

表 4-1　理想直线流量特性相对流量与相对开度

相对开度	10%	20%	50%	60%	80%	90%
相对流量	13%	22.7%	51.7%	61.3%	80.6%	90.4%

以直线流量特性行程的 10%、50% 和 80% 三点来看,当行程变化 10% 时,流量变化量分别为 9.7%、9.6% 和 9.8%,它们几乎相等,但流量变化量 Δq 与原有流量之比即流量的相对变化量分别如下:

$$\frac{22.7-13.0}{13.0} \times 100\% = \frac{9.7}{13.0} \times 100\% = 74.6\%$$

$$\frac{61.3-51.7}{51.7} \times 100\% = \frac{9.6}{51.7} \times 100\% = 18.6\%$$

$$\frac{90.4-80.6}{80.6} \times 100\% = \frac{9.8}{80.6} \times 100\% = 12.2\%$$

由以上数据分析可以看出,直线流量特性调节阀在阀门相对开度变化相同的情况下,小流量时,流量的相对变化值大;大流量时,流量变化的相对值小;在流量小时流量变化的相对值比流量大时大得多。这说明直线流量特性调节阀在小开度时调节作用较强,在大开度时调节作用较弱。从控制的要求来看,当系统处于小负荷时,希望调节流量不要变化太大,以免控制作用太强使系统产生超调,甚至发生振荡;当负荷较大时,希望流量变化大一些,调节阀产生较强的调节作用,以便快速克服干扰的影响。显然直线流量特性不能满足这个要求。

(2)等百分比流量特性。等百分比流量特性是指阀的相对流量与相对开度成对数关系,因此也称对数流量特性。其数学关系表示为

$$\frac{q}{q_{\max}} = R^{(\frac{l}{L}-1)} \tag{4-16}$$

等百分比流量特性曲线是一条对数曲线,在图 4-16 中,等百分比流量特性相对流量与相对开度的数据见表 4-2。

表 4-2　等百分比特性相对流量与相对开度

相对开度	10%	20%	50%	60%	80%	90%
相对流量	4.67%	6.58%	18.3%	25.6%	50.8%	71.2%

以等百分比流量特性行程的 10%、50% 和 80% 三点来看,当行程变化 10% 时,所引起的流量变化分别为 1.91%、7.3% 和 20.4%,流量的相对值变化分别如下:

$$\frac{6.58-4.67}{4.67} \times 100\% = \frac{1.91}{4.67} \times 100\% = 40\%$$

$$\frac{25.6-18.3}{18.3} \times 100\% = \frac{7.3}{18.3} \times 100\% = 40\%$$

$$\frac{71.2-50.8}{50.8} \times 100\% = \frac{20.4}{50.8} \times 100\% = 40\%$$

由上述数据分析可以看出,等百分比流量特性的调节阀,在阀门相对开度变化相同的情况下,它的流量变化量与原有流量之比即流量相对变化量总是相等的,因此对数特性也称为等百分比特性。等百分比流量特性的调节阀,负荷变化小时,阀的开度小,流量变化小,控制平稳缓和;负荷变化大时,阀的开度大,流量变化也大,控制及时有效,控制特性较好,有利于控制系统工作。

(3)抛物线流量特性。抛物线流量特性是指阀的相对流量与相对开度之间成抛物线关系,其特性曲线在直角坐标系中是一条抛物线。它介于直线流量特性与等百分比流量特性之间。实际工作中常以等百分比流量特性来代替抛物线流量特性。

(4)快开流量特性。快开流量特性的调节阀在开度较小时就有较大的流量,随着开度的增大,流量会很快达到最大值,因此叫作快开特性,其特性曲线如图 4-16 中的曲线 1 所示。快开流量特性的调节阀属于迅速启闭的切断阀,主要应用于两位式控制系统。

目前我国生产的控制阀有直线特性、等百分比特性和快开特性三种,尤其以直线性特性、等百分比特性的控制阀应用得最多。

2. 调节阀的工作流量特性

一般仪表厂所给出的调节阀流量特性都是理想特性,即调节阀前后压差为恒定时的流量特性。在实际工艺系统中,调节阀总是与管路系统相连接,使调节阀两端的压差不再保持恒定,调节阀理想流量特性将会发生畸变,调节阀在实际使用状态下的流量特性称为工作流量特性。调节阀的工作流量特性与理想流量特性是有差别的,调节阀的工作流量特性不但与阀的结构有关,而且还取决于具体配管情况。同一个阀在不同的外部条件下,具有不同的工作流量特性。当选择控制阀时,必须结合配管情况进行考虑。

当调节阀安装在串联管道系统中时(见图 4-18),系统总压差 Δp 等于管道系统的压差 Δp_1 与调节阀压差 Δp_2 之和,Δp_1 是除调节阀外的全部设备和管道的各局部阻力之和。由于串联管道系统的阻力与管道中流过的流量成平方关系,当系统的总压差一定时,调节阀一旦动作,随着流量的增大,串联设备和管道的阻力也会增大,这就使调节阀两端压差减小,引起流量特性改变,理想流量特性变为工作流量特性。随着调节阀上压差的减小,直线特性渐渐趋近与快开特性,等百分比特性渐渐趋近于直线特性。在串联管道中,调节阀若处于最大开度,理想流量特性畸变最为严重。

在实际应用中,调节阀一般都装有旁路管道及阀门,以方便调节阀的维护和管路系统采用手动操作方式。调节阀在管道中的并联如图 4-19 所示,管路总流量 q 是调节阀流量 q_1 与旁路流量 q_2 之和。当生产量提高或者其他原因使介质流量不能满足生产工艺要求时,可以打开旁路阀,以适应生产的需要,于是调节阀的流量特性便会受到影响,理想流量特性就成为工作流量特性。并联管道时调节阀若处于小开度,理想流量特性畸变最为严重。一般认为旁路流量最多只能是总流量的百分之十几。

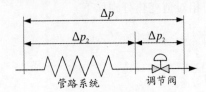

图 4-18　调节阀在管道中的串联　　　　图 4-19　调节阀在管道中的并联

当通过计算调节阀流通能力决定调节阀口径的大小时,为了保证调节阀具有一定的可控范围,必须使调节阀两端的压降在整个管线的总压降中占较大的比例。所占的比例越大,调节阀的可控范围越宽。如果调节阀两端压降在整个管线总压降所占的比例小,可控范围就变窄,将会导致调节阀特性的畸变,使控制效果变差。

调节阀口径大小直接决定着控制介质流过它的能力。从控制角度看,调节阀口径选得过大,超过了正常控制所需的介质流量,调节阀将经常处于小开度下工作,阀的特性将会发生畸变,阀性能就较差。反过来,如果控制阀口径选得太小,在正常情况下都在大开度下工作,阀的特性也不好。此外,调节阀口径所选得过小也不适应生产发展的需要,一旦需要设备增加负荷时,调节阀原有口径太小就不够用了。因此,调节阀口径的选择应留有一定的余量,以适应增加生产的需要。

4.3.6　调节阀的结构形式

按照阀体的结构形式和用途来分,常见的调节阀有直通单座阀、直通双座阀、三通阀、角形阀、蝶阀和隔膜阀等。应根据生产过程的不同需要和控制系统的不同特点来选用不同结构形式的调节阀。调节阀的主要结构形式如图 4-20 所示。

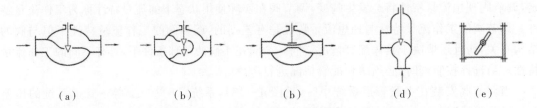

　　(a)　　　　　　　　(b)　　　　　　　　(b)　　　　　　　　(d)　　　　　　　　(e)

图 4-20　调节阀的主要结构形式

(a)直通单座阀;(b)直通双座阀;(c)隔膜调节阀;(d)角形阀;(e)蝶阀

直通单座阀的阀体内只有一个阀座和一个阀芯,其特点是结构简单、泄漏量小、容易达到密封,甚至可以完全切断。但是流体对阀芯只产生单向的推力作用,不平衡力大。如图 4-21 (a)所示,当流体自左向右流动时,阀芯将受到一定的向上推力,在阀门全关时此推力最大;当流体自右向左流动时,由于流体对阀芯有抽吸作用,在阀芯上将受到一个向下的作用力。在阀前后压差高或阀尺寸大时,这一作用力可能相当大,严重时会使调节阀不能正常工作。单座阀一般应用在小口径、低压差的场合。

直通双座阀阀体内有两个阀芯和两个阀座。如图 4-21(b)所示,当流体流过时,上、下两个阀芯因所受的推力方向相反、大小相近而大致抵消,因此不平衡力小,允许阀两端有大压差。双座阀的缺点是上、下两组阀芯不容易保证同时关闭,因而关闭时泄露量比单座阀大,适用于允许较大泄漏量的场合。双座阀应用比较普遍,适宜做自动调节之用。

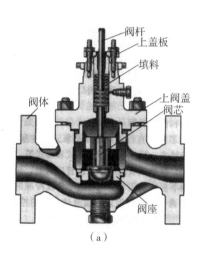 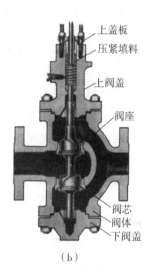

（a）　　　　　　　　　　　　　（b）

图 4-21　单座阀与双座阀的实物结构图

(a)直通单座阀;(b)直通双座阀

三通阀有三个出入口与工艺管道相连,相当于两个直通单座阀。按流通方式有合流阀和分流阀两种类型,如图 4-22 所示。合流阀有两个进口和一个出口,可将两种流体通过阀混合成一路,适用于配比控制。分流阀有一个入口和两个出口,可将一种流体分成两路,适用于旁路控制。

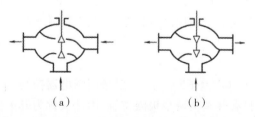

（a）　　　　　　　　　　（b）

图 4-22　三通阀的结构

(a)合流阀;(b)分流阀

角形阀可以改变流向,两个接管呈直角形,一般为底进侧出,阻力较小,不易堵塞,适用于现场管道要求直角连接,工作环境为高压降、高黏度、含悬浮物或颗粒状物质的场合。

蝶阀也叫做挡板阀或翻板阀,结构简单,流阻极小,泄漏量较大,适用于有悬浮物的流体、大流量气体、压差低、允许泄漏量较大的场合。

隔膜阀采用耐腐蚀衬里的阀体和隔膜,依靠隔膜上、下移动改变通流面积,由于隔膜把流动介质与外界隔离,所以适用于强腐蚀性介质的调节。

总之,作为执行器的调节阀需要安装在生产现场,其工作环境通常是高温、高压、高黏度、强腐蚀、易结晶、易燃易爆及剧毒等场合,由于直接和被调节的介质相接触,因此调节阀的结构、材料和性能直接影响过程控制系统的安全性、可靠性,影响系统的控制质量。经验表明,控制系统中每个环节的好坏,都对系统质量有直接影响,使控制系统不能正常运行的原因,但多数发生在调节阀上,因此对调节阀这个环节必须给予高度重视,选择调节阀时,要考虑调节阀的结构形式、流量特性、口径大小等因素。

4.4 控 制 器

在自动控制系统中,控制器以外的各个部分组合在一起称为控制器的广义对象,控制器是整个控制系统的灵魂,它区别于其他环节,是在控制设备中独立实现的。当构成一个控制系统的广义对象确定之后,控制器就是决定控制系统控制质量的唯一因素,控制器的控制规律决定了控制系统的运行规律并影响其运行品质。

控制器的输出信号即控制变量所起的作用称为控制作用或调节作用。在一个控制系统中,干扰作用与控制作用总是相互对立而存在的,有干扰就有控制,没有干扰也就无需控制。干扰作用与控制作用是同时影响被控变量的,当被控变量在干扰作用下偏离给定值发生变化时,控制器就对被控对象施加一个与干扰作用对被控变量影响方向相反的控制作用,以克服干扰的影响,将已经变化的被控变量拉回到给定值来。

控制器的输出信号 $u(t)$ 与输入信号 $e(t)$ 之间的数学关系就是控制器的特性,即控制规律,控制规律可以用 $u = f(e)$ 函数关系描述。各种控制器的工作原理和结构形式不尽相同,但是从控制规律看,有位式控制和连续控制两大类。位式控制中常用的是双位控制,连续控制中常用的有比例(P)、比例积分(PI)、比例微分(PD)和比例积分微分(PID)控制。其中 PID 控制规律应用率占到了 85% 以上,PID 控制器依然是占据主导地位的控制器。

了解常用的几种控制规律的特点及适用条件、明确统过渡过程的品质指标要求、结合具体对象的特性,才能选用出符合生产工艺要求的合适的控制器。控制器控制规律如果选择不当,不仅起不到好的控制作用,反而会使控制过程恶化、甚至造成事故。

4.4.1 双位控制

双位控制就是最简单的 ON/OFF 控制,一般采用继电器控制。由于双位控制器只有两个输出值,相应的控制机构只有开和关两个极限位置,因此又称为开关控制。

理想的双位控制器的输出 $u(t)$ 与输入偏差 $e(t)$ 之间的关系可表示如下:

$$u(t) = \begin{cases} u_{\max}, e(t) \geqslant 0 \\ u_{\min}, e(t) < 0 \end{cases} \tag{4-17}$$

由式(4-17)可以看出,根据输入偏差的取值范围,双位控制输出只有两种状态:当测量值大于给定值[偏差 $e(t) \geqslant 0$]时,控制器输出上限值 $u_{\max}$,通常为 100%;而当测量值小于给定值[偏差 $e(t) < 0$]时,控制器的输出下限值 $u_{\min}$,通常为 0。理想的双位控制器的特性如图 4-23(a)所示。

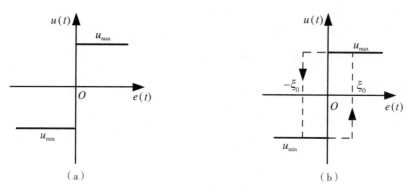

图 4-23 双位控制特性
(a)理想的双位控制特性;(b)实际的双位控制特性

图 4-24 为室温双位调节系统的示意图。在该系统中,室温上升,电接点水银温度计 2 中的水银柱随温度升高而升高,当室温上升高于给定值时,继电器 KA 的线圈就会通电,其常闭触点断开,切断电磁阀 3 的电源,关闭热水管路,停止供热,室温开始下降;室温下降,电接点水银温度计的水银柱也随之下降,当室温下降低于给定值时,继电器 3 的线圈失电,其常闭触点闭合,使电磁阀 3 的线圈与电源接通,打开热水管路,开始供热,室温开始上升。如此反复循环,室温会在给定值处不断的上、下波动。

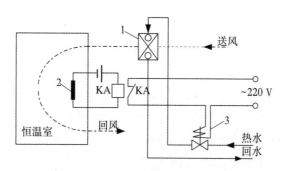

图 4-24 室温双位调节系统示意图
1—热水加热器;2—电接点水银温度计;3—电磁阀

由室温双位调节系统的控制过程分析可知,如果水银温度计的电接点反复的接通断开,就会使得继电器 KA 频繁动作,双位控制器输出在上、下限值之间来回不停的摆动,那么电磁阀 3 也会频繁动作。因此,为了避免控制机构中的运动部件因频繁动作造成过度磨损,影响使用寿命,实际当中采用的是带有中间区的双位控制,其特性如图 4-23(b)所示。由于设置了中间区 $(-\xi_0, \xi_0)$,当偏差在中间区内变化时,调节阀不动作,因此可以使调节阀开关的动作频率大大降低,延长了执行器中运动部件的使用寿命。

在双位控制中,控制器的输出只有两种极限状态,调节阀不是全开就是全闭,对流入/流出被控对象的物料量的调节不是最大量就是最小量,这样就会导致被控变量围绕给定值在一定范围内不停地波动,产生等幅振荡。因此,双位控制实际上是一种"断续"控制方式,是一种非常粗糙的控制方式,要想提高调节质量,就要采用"连续"控制。不过,双位控制系统结构简单,成本较低,易于实现,操作和维修的方便,因而在不少地方得到了广泛的应用。通常在控制质量要求不是很高、工艺允许被控参数波动范围较宽的场合,如一些液位、温度等控制回路上经常采用。日常使用的冰箱就是通过双位控制不时启动压缩机进行制冷,产生冷气来调节温度的;舒适性空调系统中的室温调节也常采用双位控制。

4.4.2 连续控制

连续控制的特点是控制器能够根据偏差大小,输出的控制信号可以让调节阀处于不同的开度,从而获得与被控对象负荷变化相适应的调节量,使被控变量趋于给定值,系统达到平衡状态。在连续控制方式中,P、I、D 是三种基本的控制作用,通过组合常用的有 P、PI、PD、PID 控制。

1. 比例(P)控制

比例控制国际上统一用大写的英文字母 P(Proportion action)表示,是最简单的连续控制,输出 $u(t)$ 与输入偏差 $e(t)$ 之间的关系为

$$u(t) = K_P e(t) + u_0 \tag{4-18}$$

式中,u_0 是当输入偏差 $e(t) = 0$ 时,P 控制作用的初始稳态值,u_0 的大小可通过调整控制器的工作点加以改变;K_P 是比例控制中一个重要的可调参数,称为比例放大系数。K_P 决定了比例控制作用的强弱,K_P 越大,比例控制作用越强。

比例控制的增量式为

$$\Delta u(t) = K_P e(t) \tag{4-19}$$

式(4-19)中 $e(t)$ 既是增量,也是实际值。由增量式可以看出比例控制器的特点是能够根据输入偏差的大小和方向,产生与偏差成比例的输出信号,从而使不同的偏差值有相应的调节机构位置,实现阀门开度的连续调节。

比例控制的优点是反应快,控制及时,稳定性好,不易产生过调现象。有偏差输入时,立刻产生一个与输入成比例的输出,偏差越大,输出的控制作用越强。其缺点是在调节结束后被控参数不能回到原来的给定值上,会存在残余偏差,即余差。比例放大系数与系统余差之间的关系是:K_P 越小,过渡过程越平稳,系统稳定性增强,但余差也会同时增大;K_P 增大,虽然可减小余差,但过渡过程越振荡,系统的稳定性变差,因此要保证系统的稳定性,比例系数 K_P 不能太大。

比例控制作用的传递函数为

$$G(s) = \frac{U(s)}{E(s)} = K_P \tag{4-20}$$

它是典型环节中的比例环节。

2. 比例积分(PI)控制

比例积分控制是比例控制和积分控制的综合。当对控制质量有更高的要求时,就需要在比例控制的基础上,再加上能消除残余偏差的积分控制作用。

　　积分控制国际上统一用大写的英文字母 I(Intergral action)表示,积分控制作用的输出与输入偏差的积分成正比,即

$$u(t) = \frac{1}{T_\mathrm{I}} \int e(t) \, \mathrm{d}t \tag{4-21}$$

式中,T_I 为积分时间常数,是积分控制的可调参数。在积分控制中,输出信号的大小与偏差成正比,与积分时间常数成反比。T_I 越小,积分作用越强,当积分时间 $T_\mathrm{I} \to \infty$ 时,积分作用就等于零。

　　积分作用的一个优点就是它能够消除余差。如果偏差为零,则积分控制器的输出不变。当系统存在偏差时,偏差积分后将使控制器的输出随时间会不断增大或减小,直到偏差为零时,输出才停止变化并稳定在某一值上,对应的实际情况就是被控对象在负荷扰动下的控制过程结束后,被控变量没有静差,调节阀可以停在新的负荷所要求的开度上。因此用积分控制可以实现无差调节,使控制系统达到无余差是积分控制的优点。

　　与比例控制相比,积分控制动作缓慢,这是因为积分作用是随着时间积累逐渐增强,所以会出现控制不及时的现象,当对象的惯性较大时,被控变量将出现大的超调量,过渡时间也将延长。对于同一被控对象,当采用积分控制时,其调节过程的进程要比比例控制慢,使闭环控制系统动态响应变慢是积分控制作用的缺点。因此在实际中积分控制很少单独采用,通常与比例控制相结合,组成比例积分(PI)控制。

　　比例积分控制算法的公式为

$$u(t) = K_\mathrm{P} \Big(e(t) + \frac{1}{T_\mathrm{I}} \int e(t) \, \mathrm{d}t \Big) + u_0 \tag{4-22}$$

式中,u_0 是当输入偏差 $e(t) = 0$ 时,比例积分控制作用的初始稳态值,u_0 的大小可通过调整控制器的工作点加以改变;K_P 为比例放大系数;T_I 为积分时间常数。K_P 和 T_I 是比例积分控制器的两个可调参数。

　　比例积分控制的增量式为

$$\Delta u(t) = K_\mathrm{P} \Big[e(t) + \frac{1}{T_\mathrm{I}} \int e(t) \, \mathrm{d}t \Big] \tag{4-23}$$

　　比例积分控制器的传递函数为

$$G(s) = K_\mathrm{I} (1 + \frac{1}{T_\mathrm{I} s}) \tag{4-24}$$

　　比例积分控制是在比例控制的基础上叠加积分控制作用,比例作用可快速抵消干扰的影响,积分作用可消除调节最终的静差。偏差一出现,就立即有比例控制输出,用于克服扰动;然后,积分控制作用逐渐增加,用于消除余差。因此,比例控制作用起粗调作用,积分控制作用起细调作用,积分作用一直要到余差消除,偏差为零时才停止。当积分时间 $T_\mathrm{I} \to \infty$ 时,积分作用消失,比例积分控制器变为纯比例控制器。

　　在使用比例积分控制时,需要注意防积分饱和现象。当控制系统的偏差长期存在时(外因),控制器的输出在积分控制作用下(内因),则输出 $u(t)$ 会不断增加或减小,进而导致调节阀开度达到极限位置而不再发生变化;如果偏差反向,由于控制器输出也不能及时反向,而是要在一定延时后调节阀才能从最大或最小极限值回复到正常范围。在这段时间内,控制器不能发挥调节作用,因此会造成调节不及时,系统就像失去控制一样,造成控制性能恶化。这种由于积分过量造成的控制不及时的现象称为积分饱和。

比例积分控制对于多数系统都可采用,但是当对象滞后很大时,可能控制时间较长、最大偏差也较大,或者当负荷变化过于剧烈时,由于积分动作缓慢,使控制作用不及时,此时可增加微分作用来改善系统的调节品质。

3. 比例微分(PD)控制

被控对象中的流入量与流出量之间的不平衡性,决定着此后被控量将如何变化的趋势,即就是被控量的变化速度(包括方向和大小)反映了当时或稍前一段时间流入、流出量的不平衡情况,因此如果控制器能够根据被控量的变化速度来驱动调节执行机构,而不是等到被控量已经出现较大偏差后才动作,则调节效果将会更好。这就要求控制器具有某种预见性,这种控制作用称为微分控制。微分控制国际上统一用大写的英文字母 D(Differential action)表示,微分控制的输出与输入偏差对时间的导数成正比。即

$$u(t) = T_D \frac{\mathrm{d}e(t)}{\mathrm{d}t} \tag{4-25}$$

式中,T_D 表示微分时间;$\frac{\mathrm{d}e}{\mathrm{d}t}$ 为输入偏差的变化速度。微分控制中,输出信号的大小与偏差的变化率和微分时间常数均成正比比。T_D 越大,微分作用越强,当微分时间 $T_D = 0$ 时,微分作用就没有了。

式(4-25)为理想微分控制的特性。若在 $t = t_0$ 时偏差作阶跃变化,则在 $t = t_0$ 时微分控制器的输出将为无穷大,其余时间输出为零。因此微分作用在偏差变化的瞬间就会产生较大的输出响应。

微分控制的特点是基于偏差的变化速度产生调节动作,它的优点是系统中即使偏差很小,只要偏差出现变化趋势,马上就能进行控制,因此微分控制有超前控制之称。但假如偏差恒定不变,即使偏差值很大,微分作用也没有输出,这就表明微分控制的输出不能反映偏差的大小,微分控制不能消除偏差,因此微分控制不能单独使用。并且理想的微分控制在实际当中是难以实现的,实际中微分控制常与比例或比例积分组合使用。

微分作用与比例作用相结合就组成比例微分控制作用。

比例微分控制算法的公式为

$$u(t) = K_P \left(e(t) + T_D \frac{\mathrm{d}e(t)}{\mathrm{d}t} \right) + u_0 \tag{4-26}$$

式中,u_0 是当输入偏差 $e(t) = 0$ 时,比例微分控制作用的初始稳态值,u_0 的大小可通过调整控制器的工作点加以改变;K_P 为比例放大系数;T_D 为微分时间常数。K_P 和 T_D 是比例微分控制器的两个可调参数。

比例微分控制的增量式为

$$\Delta u(t) = K_P \left(e(t) + T_D \frac{\mathrm{d}e(t)}{\mathrm{d}t} \right) \tag{4-27}$$

比例微分控制器的传递函数是

$$G(s) = K_P(1 + T_D s) \tag{4-28}$$

比例微分作用为典型环节中的一阶微分环节。

微分作用按偏差的变化速度进行控制,其作用比比例控制作用快,因而对反应过程较慢、惯性大的对象用比例微分作用可以改善控制质量,减小最大偏差,节省控制时间。微分作用力图阻止被控量的变化,有抑制振荡的效果,但如果加得过大,由于控制作用过强,反而会引起被

控量大幅度的振荡。在稳态条件下,比例微分控制等同于比例控制,故与比例控制一样,比例微分调节依然存在稳态误差,但可以改善系统的动态品质。

4.比例积分微分(PID)控制

实际使用中,PD控制使用较少,生产上经常使用的是 PID 控制,即比例积分微分控制作用,其控制规律如下

$$u(t) = K_{\mathrm{P}}\left(e(t) + \frac{1}{T_{\mathrm{I}}}\int e(t)\mathrm{d}t + T_{\mathrm{D}}\frac{\mathrm{d}e(t)}{\mathrm{d}t}\right) \qquad (4-29)$$

PID控制的传递函数为

$$G(s) = K_{\mathrm{P}}(1 + \frac{1}{T_{\mathrm{I}}s} + T_{\mathrm{D}}s) \qquad (4-31)$$

当有阶跃信号输入时,PID 控制器的输出为比例、积分、微分三个阶跃响应之和,其中比例(P)作用是基于当前的偏差作出的控制策略,输出响应快,选择好比例系数有利于系统的稳定,它是 PID 控制中基本的调节作用;微分(D)作用是基于偏差的未来变化趋势作出的控制策略,它能有效地防止被控参数过度快速变化,可减少超调量和缩短过渡过程时间,可以允许使用较大的比例系数,但是过量的微分作用可使系统的振荡加剧,稳定性变差;积分(I)作用是基于历史偏差所做出的的控制策略,它能够消除静差,但需要较长时间才能显示出来,这使得超调量和过渡过程时间增长。

总之,PID 控制分别是基于过去(I)、现在(P)、未来(D)控制偏差的控制算法。恰当地选择 PID 控制器中的三个可调参数 K_{P}、T_{I}、T_{D} 能有效地提高控制质量,获得较好的控制效果。

常规模拟仪表用硬件实现模拟 PID 算法,计算机控制装置用软件实现数字 PID 控制算法。在计算机控制已经广泛应用的现在,过程控制领域中 PID 控制仍是主要控制算法(约占85%～90%)。目前 PID 控制器依然是最具主导地位的反馈控制形式。近 90%以上的工业过程控制都采用 PID 控制。PID 控制器已经成为上层许多先进控制器的基础级控制器或备份级控制器,它对于保证整个系统的安全运行具有十分重要的意义。

4.5　单回路控制系统的设计

单回路控制系统是简单控制系统。为保证该控制系统在运行时达到规定的质量指标要求,在设计一个单回路控制系统时,必须在熟悉系统技术要求的基础上对工艺过程、设备以及对象的特性进行深入的了解,掌握生产过程的规律,以确定合理的控制方案。控制方案的制定包括被控变量和操作变量的选择、控制规律的选择、控制阀的选择以及测量变送装置的选择等。控制方案决定了自动控制系统的组成及控制方式。

4.5.1　单回路控制系统的设计步骤

当设计如图 4-25 所示的一个单回路 PID 控制系统时,基本的步骤如下:

(1)根据用户或被控过程的设计制造单位提出的系统技术指标或性能要求明确生产设备的工艺要求、自动控制的要求以及控制系统的性能指标。

(2)熟悉生产设备(被控对象)的工艺过程和运行特点,掌握系统或对象的动态特性、静态特性,建立系统的数学模型。

（3）确定系统的控制方案。

设计单回路控制系统的关键是制定系统的控制方案，具体讲就是要选择合适的被控变量和操纵变量、确定信息的获取和变送方式、选择调节阀，选择合适的控制规律等。

选择合适的被控变量和操纵变量是确定系统原则性控制方案首先要完成的工作。选择调节阀时需要考虑调节阀的口径大小、调节阀的流量特性、调节阀的结构等。同时还需考虑是采用恒值控制还是采用随动控制，通常会拟定几种不同方案，供分析比较，以最终确定较好控制方案。总之，制定的控制方案在满足技术性能指标的基础上，应当尽量简单可行、经济性及技术实施可行性好，控制系统方案的确定满足生产要求即可，不必追求过高的控制系统性能指标。自动控制方案的制定，需要工艺人员与自动化专业技术人员互相配合共同完成。

（4）确定控制规律，选择合适的控制器。

确定好系统的控制方案，并按所设计的方案将控制系统安装就绪后，那么对象特性与干扰位置等基本上都已经固定下来，这时系统的控制质量主要取决于控制器的参数。合适的控制器参数会带来满意的控制效果，不合适的控制器参数会使系统质量变差。整定 PID 控制器参数，就是要找出能够使控制系统的过渡过程达到质量指标要求的最佳参数（ K_P、T_I、T_D ）值。

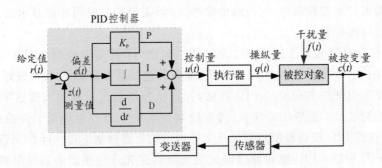

图 4 - 25　单回路 PID 控制系统

4.5.2　被控变量选择

自动控制系统中，被控变量通常是能够反映生产工艺要求并且希望通过自动控制系统保持其恒定或按一定规律变化的物理量或化学量。选择合理的被控变量是控制系统设计的第一步，如果选择不当，即使控制设备非常先进，也不会得到满意的控制效果。

实际生产过程中，影响生产工艺的物理量或化学量很多，质量指标是产品质量的直接反映。因此，选择哪个量作为被控变量，应当是在对过程特性进行深入分析的基础上，以产品质量指标为主要考虑因素。通常选择那些能够较好地反映实际生产状态、人工控制难以满足要求，或操作十分困难，劳动强度很大，客观上要求进行自动控制的参数作为被控变量。

选取被控变量的一般原则如下：

（1）选择反映质量指标、具有决定性作用的可直接测量的工艺参数作为被控变量。如以温度、压力、流量及液位为质量指标的生产过程，就可直接选择温度、压力、流量及液位作为被控变量。

（2）当选择反映质量指标的直接参数作被控变量比较困难或不可能时，应当选择一个与直接参数有线性单值函数关系的间接参数作为被控变量。

采用质量指标作为被控变量,必然要涉及对相关参数的测量问题。如果对工艺指标参数暂时还没有直接的快速测量手段,这时就只能采用间接反映工艺参数的物理量或化学量作为被控量。另一种情况是虽然可以进行工艺参数的直接测量,但信号滞后太大或过于微弱时,也应当选用能获得更好的控制质量的间接参数作为被控变量。

(3)反映质量指标的间接参数应当具有足够大的灵敏度,以便能迅速反映产品质量的变化。

在选择被控变量时,要求被控变量有足够的灵敏度。减小测量滞后,提高测量灵敏度的重要手段通常有采用先进的测量方法、选择合适的取样点、正确合理地安装测量元件等。

(4)选择被控变量时还需要考虑到生产工艺的合理性以及所选仪表的性能、价格等因素。

4.5.3　操纵变量的选择

系统在实际运行中,当外界干扰作用引起被控变量发生变化时,通常可通过改变流入/流出对象的介质流量即操纵变量实现对被控变量的调整,因此在被控变量确定之后,还需要选择一个合适的操纵变量,它应使被控变量可迅速地返回到原先的给定值上,以保持产品的质量不变。热工过程中,主要以流量参数作为操纵变量。操纵变量的选择,对控制系统的控制质量有很大的影响,是设计控制系统的一个重要考虑因素。一般情况下,操纵变量选择的依据如下:

(1)所选的操纵变量必须是可控的,即在工艺上是可调节改变的量。实际生产过程中,凡是引起被控变量变化的外部因素称为被控对象的输入,被控变量是被控对象的一个输出。显然影响被控变量的输入不止一个,因此,被控对象实际上是一个多输入单输出的对象。在影响被控变量的诸多输入中,通常选择其中一个对被控变量影响显著且可控性良好的输入量作为操纵变量,而其他未被选中的所有输入量则均当做干扰。

(2)相对其他干扰而言,所选的操纵变量应尽量靠近调节阀,以保证对被控对象状态影响大,对被控变量能够及时控制、滞后小,但又不会引起较大的振荡;相应的其他干扰点则是尽量远离被控变量。

(3)选择操纵变量时还需要考虑到工艺的合理性。需要说明的是由于生产负荷直接关系到产品的产量,不宜经常波动,因此一般不选择生产负荷作为操纵变量。

第 5 章　常用复杂控制系统

解决生产过程中的大量控制问题时,采用单回路反馈控制系统就能满足正常的生产工艺要求,达到工艺性能目标。但是随着生产规模的大型化和复杂化,在对生产过程的操作条件更加严格,对产品的质量要求更高时,就需要在单回路控制系统的基础上再增加一些计算环节、反馈环节或其他控制环节等组成复杂控制系统。

在常用的复杂控制系统中,根据结构特征命名的有串级控制和前馈控制,根据控制功能特征命名的有均匀、比值、分程和选择性控制。这些常用的复杂控制系统从结构或功能方面看虽然各不相同,但是从系统输入和输出变量的关系来看,总体上仍是单输入单输出系统。

5.1　串级控制

当对象容量滞后较大、纯滞后较大、负荷或干扰变化比较剧烈、比较频繁时,采用单回路控制方法往往控制质量比较差,无法满足生产工艺的要求。这时就可以考虑采用串级控制方法。

5.1.1　串级控制的基本结构

串级控制是常用的复杂控制系统,它是在单回路控制系统的基础上,引入副被控变量,将被控对象分为主对象和副对象两部分,增加了一个测量变送环节和一个控制器的一种控制方案。串级控制的结构如图 5-1 所示。

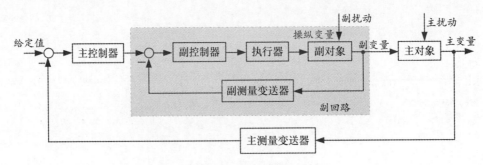

图 5-1　串级控制系统的结构图

在串级控制系统中,副变量到主变量之间的环节通道为主被控对象或主对象,操纵变量到副被控变量之间的环节通道为副被控对象或副对象。作用于主对象上的干扰称为主扰动或一次扰动,作用于副对象上的干扰称为副扰动或二次扰动。系统的输出量称为主变量,它是串级控制系统中要求保持平稳控制的、主要的被控变量。副变量是副对象的输出量,它是系统的辅助被控变量,是从被控对象中引出的中间变量。副变量的引入往往是为了提高主变量的调节质量,它与主变量之间有一定的内在联系,副变量通常应具备的特点是能清晰地反映出副扰动造成的影响,对系统输出量有直接的影响;对操纵变量的响应比系统输出量要快;可以通过操纵变量进行调节,是可控的也是可以测量的。

串级控制系统具有双闭环结构。由副控制器、执行器、副对象和副变量测量变送器组成的控制回路称为副回路。副回路也称为内回路或副环,它是针对副对象构成的控制回路;由主控制器、副环、主对象和主测量变送器组成的控制回路称为主回路。主回路也称为外回路或外环,它是针对主对象构成的控制回路。主、副控制器是串联的,主控制器的输出作为副控制器的设定值输入。在串级控制系统中,系统的输出量一般是由生产工艺要求规定的,是一个定值,所以是主控制回路是定值控制系统。主控制器的输出是副控制器的输入,副控制器的给定值输入会随主控制器输出的变化而变化,因此副控制回路是随动控制系统。

5.1.2 串级控制系统的特点

与单回路控制方案相比,串级控制方案的主要特点如下:

(1)能迅速克服进入副回路扰动的影响。串级控制中副回路具有快速调节作用,能有效地克服调节通道的滞后,从而大大提高调节质量。当副干扰作用于副回路时,在它还没影响到主变量之前,首先副控制器就能及时通过执行器调节操纵变量,使副被控变量回复到副设定值,减少副扰动对主控变量的影响,实现对系统的"粗调";如果在"粗调"后,主变量还会发生波动,那么将再由主控制器通过主回路对系统进行"细调"。可见,串级控制系统通过对副环干扰的两级控制措施,使控制质量比单回路控制系统一台控制器的控制质量好得多。当主干扰作用于主回路时,由于副环回路的存在,过渡过程的时间相对缩短,所以控制质量可获得改善。

有资料介绍,当干扰作用于副环时,串级控制系统的偏差要为单回路控制系统的 $1/100\sim1/10$;当干扰作用于主环时,串级系统的质量也会提高 $2\sim5$ 倍。主、副控制器对干扰采取的控制措施,使串级控制系统的抗干扰能力大为增强。

(2)具有一定的自适应能力。在单回路控制系统中,控制器参数是根据具体的对象特性整定得到的,一定的控制器参数只能适应于一定的对象特性。如果生产过程负荷有变化,而负荷的改变又会影响到对象特性发生变化,原先整定的控制器参数就不能再适应。这时,如不及时修改控制器参数,控制质量就会降低。这就是单回路控制系统难以克服的矛盾。

在串级控制系统中,由于副回路是一个随动系统,主控制器能够根据主变量的变化(主变量的变化能体现出操作条件和负荷的变化),不断修改副控制器的给定值,以适应操作条件和负荷变化的情况,因此串级控制系统的另一个主要的特点是自适应能力。

另外,串级控制结构中可以实现串级控制、主控、副控等控制方式。如将副回路切除,由主控器直接驱动调节阀,主变量作为被控变量的主控单回路控制;将主回路切除,副回路单独工作的副控单回路控制。串级控制中,一般情况下主控制器采用 PI 或 PID 控制,副控制器采用 P 控制。

5.2 前 馈 控 制

5.2.1 前馈控制的基本结构

前馈控制的基本结构如图 5-2 所示,是一种按干扰补偿的开环控制。在自动控制系统中,调节作用和干扰作用对输出量的影响是相反的,对象受到干扰后其被控量总会偏离给定值,与反馈控制相比,前馈控制没有利用系统的输出量,而是通过测量扰动量,利用已知的给定量去改变调节量,实现对干扰的补偿作用,消除干扰信号所带来的负面影响。

由图 5-2 可以看出,在一定条件下,如果通过前馈补偿通道产生的控制作用与过程干扰通道产生的干扰作用大小相等但作用方向相反,就能使系统的输出量即被控变量完全不受干扰的影响,这也是前馈控制的扰动补偿原理。

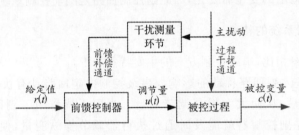

图 5-2 前馈控制的基本结构

5.2.2 前馈控制的特点

前馈控制是按照干扰作用的大小进行控制的,前馈控制对于干扰的克服要比反馈控制及时得多。在干扰发生后,被控变量还未发生变化之前,前馈控制器就能根据检测到的干扰信号的大小产生相应的补偿作用以保证被控变量稳定,在理论上前馈控制可以把偏差彻底消除。与之相比,反馈控制则是在干扰引起被控变量发生波动后,再根据偏差的大小去消除干扰影响的。

前馈控制属于"开环"控制,控制系统的输入不受系统输出即被控变量的影响,前馈控制的效果不通过反馈加以检验,因此相比于反馈控制,前馈控制就必须更清楚被控对象的特性。

前馈控制器是针对一种可测干扰设置的专用的控制器,当对象特性不同时,前馈控制器的形式也将不同,它只能克服这一干扰,而对于其他干扰则无能为力,对于不可测的干扰无法实现前馈控制。反馈控制是一个闭环控制,它对调节质量的检验能够通过反馈获得,并且只用一个控制回路就可以克服多个干扰。

前馈控制和反馈控制比较见表 5-1。

表 5-1 前馈控制与反馈控制的比较

	反馈控制	前馈控制
控制的依据	被控变量的偏差	干扰量的大小

续表

	反馈控制	前馈控制
检测的信号	被控变量	干扰量
控制作用的发生时间	偏差出现后 控制器的动作总是落后于扰动的发生， 控制作用不及时	偏差出现前 有扰动就有输出，控制作用及时
控制系统结构	闭环	开环
控制规律	控制规律可方便实现 可采用位式控制及 P、PI、PD、PID 控制	专用控制规律 有时物理实现比较困难
控制校正作用	可克服闭环内的各种扰动的影响	只能克服被测量的单一的特定的扰动，对其他扰动无能为力

5.2.3　前馈-反馈控制系统

通过对前馈控制和反馈控制的比较可以看出，单纯的前馈控制只能消除一种特定的可测的干扰，并且对于干扰补偿的效果没有检验的手段。由于实际工业对象存在着多个干扰，对象特性又要受负荷和工况等因素的影响而发生漂移，因此单纯的前馈控制无法克服其他干扰，也不能最后消除被控变量的偏差。为了解决这一局限性，工程上通常将前馈与反馈相结合构成"前馈-反馈"控制系统。在"前馈-反馈"控制系统中，利用前馈控制克服影响被控变量变化的主要干扰（必须可测），而对其他干扰则通过反馈控制克服，这样既发挥了前馈校正及时的特点，又保持了反馈控制能克服多种干扰并对被控变量始终给予检验的优点。

前馈-反馈控制也称为复式控制，其原理结构图如图 5-3 所示。

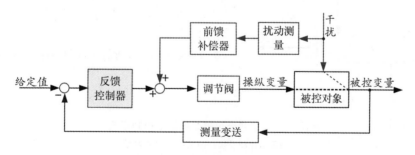

图 5-3　前馈-反馈控制原理方框图

5.2.4　换热器出料温度控制

热交换过程是热工过程中常见的环节，通过热交换的传热过程可以使物料被加热或冷却到工艺所要求的温度，这对于保证产品质量和系统正常运行有着重要的意义。热工过程中通常是以间接换热为主，冷、热流体的热量交换在换热器中进行。传热效果是否满足要求、被加热或冷却的物料温度是否达到工艺要求,这些都涉及对换热器的控制。

在换热器温度自动控制系统中,应用最普遍的控制方案是改变载热体(蒸汽)的流量以保证物料(冷流体)在换热器出口的温度恒定在给定值上。在该控制方案中,被控对象为换热器,被控变量出料温度,操纵变量是载热体的流量。

在间壁式换热器中,传热过程如图 5-4 所示,即通过对流传热的方式,热流体的热量首先传给间壁,再由间壁传给冷流体,最终使得冷流体被加热。间壁式换热器属于典型的多容对象,它具有较大的容量滞后,或者认为它是具有纯滞后环节的多容对象。测量换热器物料出口温度的测温元件通常都需要加保护套管,以防敏感元件受损或被腐蚀,因此测温元件的测量滞后也加大了换热器的滞后时间。另外,传热过程与流体的流量、压力变化过程相比,有明显不同,流体的流量、压力变化较快,而传热过程需要较长的过程,变化较慢,传热过程具有很大的热惯性,因此在其他条件不变的情况下,想要快速改变物料温度,就必须加大热流体与冷流体之间的温度差。

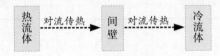

图 5-4　间壁式换热器中热量传递过程

对换热器出料温度的控制,常见的基本控制方案有以下几种方式。

(1)单回路反馈控制方案。如图 5-5 所示为换热器温度反馈控制方案。由带控制点的工艺流程图 5-5(a)可以看出该反馈控制方案为冷流体利用蒸汽加热后变为热流体,根据热流体实际温度信号调节蒸汽流量以保证热流体温度满足工艺生产要求。图 5-5(b)为该反馈控制系统的控制原理方框图。

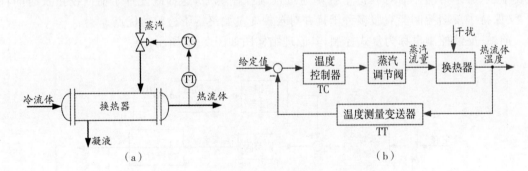

图 5-5　换热器出料温度反馈控制系统
(a)反馈控制系统;(b)反馈控制原理图

带控制点的工艺流程图也称为工艺控制流程图,它是用规定的文字、图形符号,按照工艺流程绘出,是自控人员和工艺人员设计思想的集中表现和共同的工程语言。工艺控制流程图不仅说明生产工艺流程及主要的生产设备和管道连接,而且说明了控制系统的被控变量及其测点位置、执行器种类及其安装位置、控制器的安装,以及各控制系统之间的关系等。在工艺控制流程图中,一般用小圆圈表示某些自动控制装置,圆圈内写有两位或三位字母,第一个字母表示被控变量,后续字母表示仪表的功能。常用被控变量和仪表功能的文字符号意义见表 5-2。

表 5 - 2　常用被控变量和仪表功能文字符号意义

字母	第一位字母		后继字母	字母	第一位字母		后继字母
	被测变量或初始变量	修饰词	功能		被测变量或初始变量	修饰词	功能
A	分析		报警	K	时间与时间程序		自动或手动操作
B	喷嘴火焰		供选用	L	物位		指示灯
C	电导率		控制	M	电动机		
D	密度	差		O	供选用		节流孔
E	电压(电动势)		传感器	P	压力或真空		试验点(接头)
F	流量	比(分数)		Q	数量或件数	积分、积算	积分、积算
G	长度		玻璃	R	辐射		记录或打印
H	湿度			S	速度或频率	安全	开关或连锁
I	电流		指示	T	温度		传送
J	功率	扫描		V	黏度		阀、挡板、百叶窗

　　换热器温度反馈控制过程:热流体实际温度经温度测量变送器 TT 检测出后送至温度控制器 TC 中,温度控制器将实际温度测量值与给定温度值进行比较,如果两者偏差不为零,则控制器输出控制信号调节蒸汽调节阀的开度,改变蒸汽流量大小,以实现对热流体的温度调节;如果两者偏差为零,则控制器输出控制信号为零,蒸汽调节阀开度保持不变,蒸汽流量不变,热流体的温度保持恒定。但是由于换热器具有较大的容量滞后,加之传热过程较慢,当干扰引起热流体温度发生变化,到温度控制器根据偏差去改变蒸汽流量以实现对热流体温度的调节,该过程就会比较缓慢,控制效果往往不好,因此为了提高响应速度,可考虑采用前馈控制。

　　(2)前馈控制方案。实际生产当中,为了保证生产的连续性,满足后续工段的生产需求,冷流体的物料量通常会发生较大的波动,即影响换热器出口热流体温度变化的主要干扰是冷流体物料量。为克服冷流体物料量变化对被控变量的影响,通常可采用如图 5 - 6 所示的换热器前馈控制方案。由带控制点的工艺流程图 5 - 6(a)可以看出该前馈控制方案:冷流体利用蒸汽加热后变为热流体,根据冷流体流量变化调节蒸汽流量以保证热流体温度满足工艺生产要求。图 5 - 6(b)为该前馈控制系统的控制原理方框图。

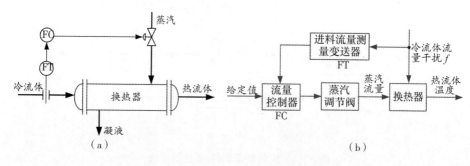

图 5 - 6　换热器出料温度前馈控制系统

(a)前馈控制系统;(b)前馈控制原理方框图

通过流量测量变送器 FT 测取冷流体的流量 q,并将此信号送到流量控制器 FC 中,这里的流量控制器就是根据主干扰冷流体流量而设置的前馈控制器,流量控制器作一定运算后去控制蒸汽调节阀的开度,改变蒸汽流量来补偿进料量 q 对被控变量的影响。如果蒸汽量改变的幅值和动态过程适当,就可以显著减小或完全补偿由扰动量 f 波动引起的出口温度的波动。

换热器采用单纯的前馈控制方案,虽然能根据可测干扰冷流体流量的大小及时实现对蒸汽流量的调节从而保证被控变量基本稳定,但是整个控制系统是一个开环系统,最终有可能会导致系统的不稳定;其次单纯的前馈往往不能很好地补偿干扰,对于补偿的效果没有检验的手段,前馈作用的控制结果往往不能最后消除被控变量偏差。因此实际生产当中,往往将前馈与反馈控制相结合,组成前馈-反馈控制。

另外,从换热器前馈控制系统可以看出,前馈控制器的输入量是系统的扰动量。扰动量选择的一般原则是该扰动量必须是可测的,而工艺一般不允许对其控制,如换热器的进料量(冷流体流量)等;同时,该扰动量变化频繁,幅度变化较大,对被控变量影响大,是主扰动,用常规的反馈控制不易克服,控制效果不好。

(3)前馈-反馈控制方案。如果影响换热器出料温度即热流体温度的主要干扰为可测的冷流体流量时,相应的可采取前馈-反馈控制以提高控制性能。换热器前馈-反馈控制方案如图5-7所示。

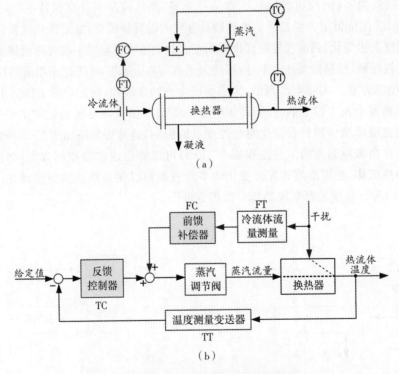

图 5-7　换热器前馈-反馈控制系统

(a)前馈-反馈控制系统 ;(b)前馈-反馈控制原理方框图

　　由图 5-7(a)可以看出,当换热器负荷即冷流体流量发生变化时,前馈控制器 FC 获得此信息后,即按一定的控制规律动作,改变加热蒸汽量以补偿冷流体流量对被控变量热流体温度的影响。同时,对于前馈未能完全消除的偏差,以及其他干扰作用如冷流体的入口温度、蒸汽压力的波动等引起的被控变量的变化,在温度控制器获得被控变量热流体温度的变化信息后,按常规 PID 作用对蒸汽量进行调节,这样就可以较好地保证被控变量尽快回到给定值上。因此,前馈-反馈控制实际上就是一个按干扰补偿控制和按偏差控制的结合,对主要的干扰进行前馈补偿,其他干扰则由反馈控制予以校正。

　　(4)串级控制方案。如果冷流体流量比较稳定,但蒸汽流量和压力波动较大,由于换热器是一个热惯性大、滞后时间较大的多容对象,因此为提高控制品质,可采用串级控制方案实现对蒸汽流量的调节,以保证热流体温度恒定在给定值上。换热器串级控制系统如图 5-8所示。

　　在换热器串级控制方案中,当蒸汽压力波动变化比较大时,可通过串级控制的内环首先对蒸汽流量进行"粗调",使进入换热器的蒸汽流量尽可能保持稳定,将蒸汽压力波动对热流体温度的影响减小到最小,如果热流体温度与给定值之间仍然有小的偏差存在,则通过温度控制器再对蒸汽流量进行"细调",直到偏差为零。

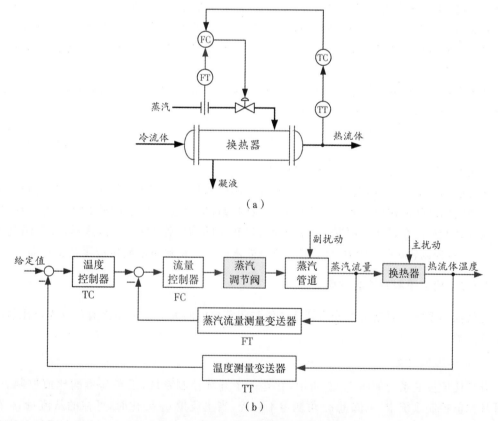

图 5-8　换热器出料温度串级控制系统

(a)串级控制系统;(b)串级控制原理方框图

5.3 比 值 控 制

在生产过程中,工艺上经常需要两种或两种以上的物料按一定比例混合或进行反应,如果物料之间的比例关系失调,就可能导致产品质量不合格,甚至造成安全事故。例如在锅炉燃烧过程中,为了保证锅炉燃烧过程的经济性,就需要保证燃料量与空气量按一定比例关系送入炉膛。在空气调节系统中,为了保证室内空气质量,新风量和回风量之间也需保持一定的比例关系。

5.3.1 比值控制基本原理

用来实现两个或两个以上物料符合一定比例关系的关联控制系统称为比值控制系统。比值控制系统是按照功能来命名的复杂控制系统。在生产过程控制中,最常见的是需要保持两种物料的流量为一定比例关系的流量比值控制系统。维持两种物料的流量比值不变,有时不一定是生产上的最终目的,而仅是保证产品产量、质量或安全的一种手段。

在需要保持比值关系的两种物料中,必有一种物料处于主导地位,称此物料为主物料,主物料特性的参数称为主动量;另一种物料须按主物料进行配比,它在控制过程中随主物料的变化而变化,称此物料为从物料,从物料的特性参数称为从动量。通常,总是把生产中的主要物料或关键物料定为主动量,其他物料则是从动量。主动量是可测但不可控的,从动量必须可测且可控。比值控制系统就是调节从动量去适应主动量的变化,使它们之间满足需要的配比关系。

设在流量比值控制系统中,主物料流量即主流量为 q_1,从物料流量即从流量为 q_2,那么从流量 q_2 与主流量 q_1 之间须保持一定的比值关系为

$$K = \frac{q_2}{q_1}$$

式中,K 为从流量 q_2 与主流量 q_1 之间的比值。

在有些场合中,会选择生产工艺上不允许控制的物料流量作为主流量,用可控物料即从流量来实现它们之间的比值关系。生产中较昂贵的物料量可选为主流量,这样不会造成浪费,或者可以提高产量。在可能的情况下,应选择流量较小的物料作为从物料,这样,调节阀就可以选得小一些,控制较灵活。当生产工艺有特殊要求时,主、从流量的确定应服从工艺需要。

5.3.2 比值控制系统的类型

比值控制系统按照结构可分为开环比值和闭环比值两大类。按照比值可分为定比值和变比值两大类。

1. 开环比值控制

开环比值控制系统如图 5-9 所示,它是一个开环控制系统,是最简单的比值控制方案。在开环比值控制系统中,主流量 q_1 可测但不可控,当主流量 q_1 变化时,可控的从流量 q_2 在比值控制器的作用下,按照要求的比例关系 $q_2 = Kq_1$ 跟随 q_1 变化。开环比值控制系统的实质是保证调节阀开度与 q_1 之间成一定的比例关系,因此,若 q_2 因阀门两侧压差波动而发生变化时,就比较难以保证 $q_2 = Kq_1$ 间的比值关系,也就是说开环比值控制系统只适合从流量 q_2 比较稳

定、控制要求不高的场合。

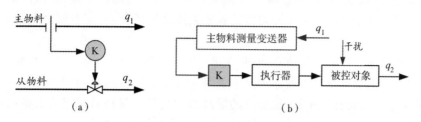

图 5-9　开环比值控制

(a)开环比值控制系统；(b)开环比值控制原理方框图

2. 单闭环比值控制

单闭环比值控制系统如图 5-10 所示，它是为了克服从流量的波动变化，在开环比值控制系统的基础上，对从流量采取了闭环控制，但主流量没有构成闭环。

在单闭环比值控制系统中，主流量 q_1 是系统的主参数，从流量按照 $q_2 = Kq_1$ 的关系跟随主流量发生变化但不会影响主流量。从流量控制器的设定值是比值器 K 的输出量，是当主流量变化时，主流量信号 q_1 经变送器送到比值器 K 中，比值器 K 则按预先设置好的比值成比例地改变从流量控制器的设定值，此时从流量闭环系统为一个随动控制系统，实现了从流量跟随主流量的变化而变化；当主流量稳定不变，流量比值 K 也保持不变时，从流量闭环系统为一个定值控制系统，它可以克服由于从流量自身干扰对比值的影响，因此主从流量的比值较为精确。

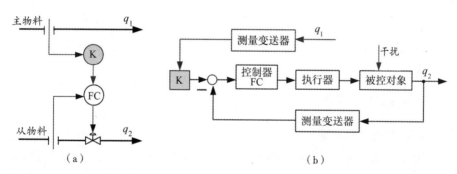

图 5-10　单闭环比值控制

(a)单闭环比值控制系统；(b)单闭环比值控制原理方框图

在单闭环比值控制系统，比值器 K 只接收主流量测量信号，仅起比值计算作用，故选 P 控制规律；从流量控制器起比值控制作用和使从流量相对稳定，故应选 PI 控制规律。

单闭环比值控制结构形式比较简单，方案实现起来方便，仅用一个比值器可使两种物料之间的比值比较精确，因此应用比较广泛，尤其适用于主物料在工艺上不允许进行控制的场合。

3. 双闭环比值控制系统

在单闭环比值控制系统中，由于主流量不受控，那么当主流量发生较大的波动变化时，总的物料量就会跟着发生变化。对于要求避免生产负荷在较大范围内波动的系统来说，单闭环比值控制系统就会显得能力不足,并且当主流量出现大幅度波动时,从流量控制器的给定值也会发生大幅变动,使得主、从流量比值会较大地偏离工艺要求的流量比,不能保证动态比值。为适应主流量干扰频繁及工艺上不允许负荷有较大波动的场合,工程上就会采用双闭环控制系统。

双闭环控制系统如图 5-11 所示,它是在单闭环比值控制的基础上,通过增设主流量控制回路而构成的。主流量控制回路的作用是实现对主流量的定值控制,大大克服了主流量的干扰的影响,使主流量变得比较平稳,比值器的输出即从流量控制器的设定值也将比较平稳,这样不仅实现了比较精确的流量比值,而且也能确保两物料总量基本不变。

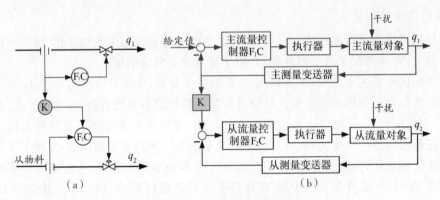

图 5-11　双闭环比值控制系统
(a)双闭环比值控制系统;(b)双闭环比值控制系统方框图

可见,在双闭环比值控制系统中,不仅要保持主流量与从流量之间有恒定的比值关系,而且主流量要实现定值控制,从流量的设定值也要恒定,因此主流量与从流量两个控制器的均应选 PI 控制规律。

5.3.3　比值控制应用举例

1. 锅炉空气-燃料比值控制

为了保证锅炉的经济运行,锅炉燃烧控制中需设置空气与燃料比的自动控制系统。如图 5-12(a)所示为锅炉空气-燃料单闭环控制系统,其自动控制原理方框图如图 5-12(b)所示。

燃气的流量 q_1 为不可控变量。当燃料量因负荷变化而改变时,就由控制器 FC 控制执行器 Z,改变空气流量 q_2,使空气流量随燃料流量变化而变化。当燃料量发生变化时,比值控制器 K 输出也发生变化,流量控制器 FC 的给定值随燃料量变化,空气流量控制是随动控制系统。控制器采用比例或比例积分规律。

2. 燃气加热炉炉温控制系统

燃气加热炉炉温控制系统原理图如图 5-13 所示。在燃气加热炉炉温控制系统中,为了维持炉温 T 为一定值,在加热炉负载变化时,应相应改变燃气流量 q_1。为了充分利用燃气,要使进入炉膛的燃气流量和空气流量有一个固定比值(空燃比),因此要用比值器 K 将燃气流量和空气流量按比值 K 的关系联系起来。

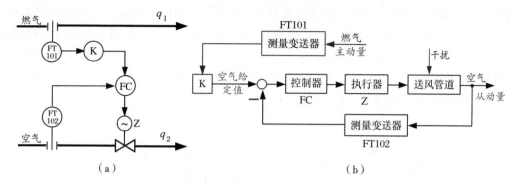

图 5-12　锅炉空气-燃料单闭环控制系统原理方框图

(a)锅炉空气-燃料单闭环控制系统；(b)锅炉空气-燃料单闭环控制原理方框图

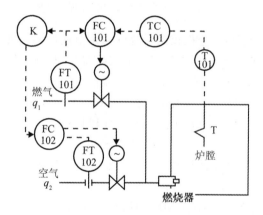

图 5-13　燃气加热炉炉温控制系统原理图

温度控制器 TC101 输出作为燃气流量控制器 FC101 的给定值,当炉温低于(或高于)给定值时,炉温控制器 TC101 的输出重新设定燃气流量控制器 FC101 的给定值,其偏差按照一定规律增加(或减小)燃气流量；比值控制器根据燃气流量的大小重新设定空气流量控制器 FC102 的给定值,其偏差按照一定规律增加(或减小)空气流量,最后使炉温等于给定值。

5.4　分程控制

在一般的反馈控制系统中,通常一个控制器的输出只控制一个调节阀。但是在有些场合下,根据工艺要求,则需要一个控制器的输出可以同时控制两个甚至两个以上的调节阀,并且每个调节阀只能在控制器输出信号的某个范围段内做全程动作,这样的控制系统称为分程控制系统。

在分程控制系统中,控制器输出信号的分段由附设在调节阀上的阀门定位器实现。控制器输出信号需要分几个区段,哪一个区段信号控制哪一个调节阀工作,完全取决于生产工艺的要求。

具有两个调节阀的分程控制系统控制原理方框图如图 5-14 所示,在该分程控制系统中,A 阀在 4~12 mA(0.02~0.06 MPa)信号范围内作全程动作,B 阀在 12~20 mA(0.06~0.1 MPa)信号范围内作全程动作。当控制器输出信号在 4~12 mA 范围内变化时,只有阀 A 的开度随着控制信号的变化而改变,而阀 B 则处于某个极限位置(全开或全关),开度不变;当控制器输出信号在 12~20 mA 范围内变化时,阀 A 因已达到极限位置而开度不再变化,阀 B 的开度则随着控制信号的变化而改变。

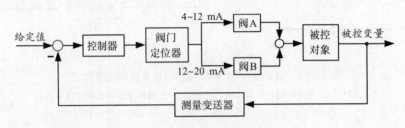

图 5-14 分程控制系统控制原理方框图

根据两个调节阀的开闭形式,分程控制系统分为调节阀同向动作和调节阀异向动作两大类。调节阀同向或异向动作也要根据生产工艺的实际需要和不同工况来确定。

在调节阀同向动作分程控制系统中,随着控制器输出信号的增大或减小,调节阀都逐渐开大或逐渐关小,其动作过程如图 5-15 所示。图 5-15(a)中,A、B 两个调节阀都是气开阀:当调节器的输出信号从 4 mA(0.02 MPa)逐渐增大时,阀 A 打开;当信号增大到 12 mA(0.06 MPa)时,阀 A 全开,同时阀 B 开始打开;当信号达到 20 mA(0.1 MPa)时,阀 B 全开。图 5-15(b)中 A、B 两个调节阀都是气闭阀:当调节器的输出信号从 4 mA(0.02 MPa)逐渐增大时,阀 A 由全开状态开始关小;当信号增大到 12 mA(0.06 MPa)时,阀 A 全关,同时阀 B 由全开状态开始关小;当信号达到 20 mA(0.1 MPa)时,阀 B 全关。

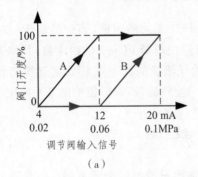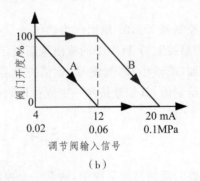

图 5-15 调节阀同向动作示意图
(a)两阀气开式;(b)两阀气闭式

调节阀异向动作分程控制系统中,随着控制器输出信号的增大或减小,一只调节阀都逐渐开大(或逐渐关小),另一只调节阀逐渐关小(或逐渐开大),其动作过程如图 5-16 所示。图 5-16(a)中 A 为气开阀,B 为气闭阀:当调节器的输出信号从 4 mA(0.02 MPa)逐渐增大时,阀 A 打开;当信号增大到 12 mA(0.06 MPa)时,阀 A 全开,同时阀 B 由全开状态开始关小;当信号达到 20 mA(0.1 MPa)时,阀 B 全关。图 5-16(b)A 为气闭阀,B 为气开阀:当调节器的输出信号从 4 mA(0.02 MPa)逐渐增大时,阀 A 由全开状态开始关小;当信号增大到 12 mA(0.06 MPa)时,阀 A 全关,同时阀 B 开始打开;当信号达到 20 mA(0.1 MPa)时,阀 B 全开。

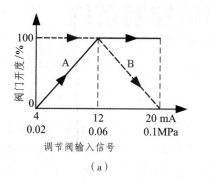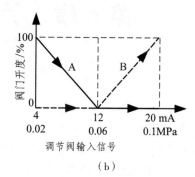

图 5-16 调节阀异向动作示意图

(a)A 阀气开式,B 阀气闭式;(b)A 阀气闭式,B 阀气开式

　　调节阀同向动作的分程控制系统,可以用于扩大调节阀的可调范围,使得系统在小流量时有更精确的控制,改善控制系统的品质,例如采用两只流通能力相同的调节阀同向调节时,调节阀的可调范围比单只调节阀进行控制时的可调范围扩大一倍。调节阀异向动作的分程控制系统,可用以控制两种不同的介质,满足某些工艺操作的特殊需要,例如在空气调节系统中为了充分利用新风的自然冷源,减少人工制冷的能耗,会对新风阀门和冷动水阀门采用异向分程控制。

第6章 计算机控制系统

计算机控制技术是计算机技术与自动控制技术相结合的产物。计算机控制系统（Computer Control System，CCS）是应用计算机参与控制并借助一些辅助部件与被控对象相联系，以实现一定控制目的而构成的系统。这里的计算机通常指数字计算机，可以有各种规模，如从微型到大型的通用或专用计算机，辅助部件主要指输入/输出接口、检测装置和执行装置等。与被控对象的联系和部件间的联系，可以是有线方式，如通过电缆的模拟信号或数字信号进行联系，也可以是无线方式，如用红外线、微波、无线电波、光波等进行联系。被控对象的范围很广，包括各行各业的生产过程、机械装置、交通工具、机器人、实验装置、仪器仪表、家庭生活设施、家用电器和儿童玩具等。控制目的可以是使被控对象的状态或运动过程达到某种要求，也可以是达到某种最优化目标。

与一般控制系统相同，计算机控制系统可以是闭环的，这时计算机要不断采集被控对象的各种状态信息，按照一定的控制策略处理后，输出控制信息直接影响被控对象，也可以是开环的，这有两种方式：一种是计算机只按时间顺序或某种给定的规则影响被控对象；另一种是计算机将来自被控对象的信息处理后，只向操作人员提供操作指导信息，然后由人工去影响被控对象。

计算机控制系统由控制部分和被控对象组成，其控制部分包括硬件部分和软件部分，这不同于模拟控制器构成的系统只是由硬件组成。计算机控制系统软件包括系统软件和应用软件。系统软件一般包括操作系统、语言处理程序和服务性程序等，它们通常由计算机制造厂为用户配套，有一定的通用性。应用软件是为实现特定控制目的而编制的专用程序，如数据采集程序、控制决策程序、输出处理程序和报警处理程序等。专用程序涉及被控对象的自身特征和控制策略等，由实施控制系统的专业人员自行编制。

6.1 计算机控制系统的组成

按照控制计算装置（控制器）的不同，自动控制系统可分为模拟控制系统和计算机控制系统。模拟控制系统即常规控制系统，模拟控制系统中控制器的输入输出信号均是连续变化的，控制器的控制规律通常是 PID 作用。将模拟控制系统中的控制器用计算机或数字控制器装置来实现，就构成计算机控制系统。由于计算机的输入和输出信号都是数字信号，因此系统中必须有将模拟信号转换为数字信号的 A/D 转换器，以及将数字信号转换为模拟信号的 D/A 转换器。计算机控制系统原理方框图如图 6-1 所示，测量变送环节输出的模拟信号必须经过模/数转换变为相应的数字信号才能输入到控制器中参与逻辑运算，控制器输出的数字信号须经过数/模才能变换为模拟信号以驱动执行器动作。

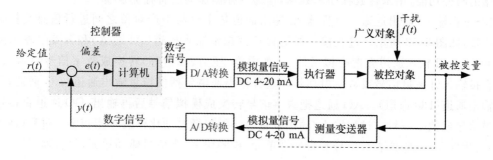

图 6-1　计算机控制系统基本方框图

计算机控制系统主要由微型计算机、接口电路、输入输出通道、外部通用设备、检测及变送、工业生产对象以及操作台等组成,其组成如图 6-2 所示。计算机控制系统的输入输出通道,即过程输入输出通道,统称为外部通道。

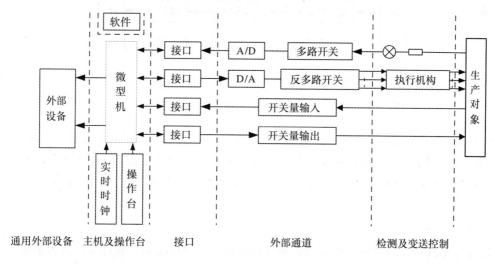

图 6-2　计算机控制系统组成

1. 硬件部分

计算机控制系统的硬件主要包括主机、外围设备、过程输入/输出通道、人机联系设备等。由于要求不同,组成的硬件也不同,可根据系统要求进行扩展。

(1)主机。主机由中央处理机(CPU)和内存储器(RAM、ROM)组成,是计算机控制系统的核心。主机根据过程输入设备送来的反映生产过程的实时信息,按照内存储器中预先存入的控制算法,自动地进行信息处理与运算,及时地选取相应的控制策略,并且通过过程输出设备立即向生产过程发送控制命令。因此,主机的选用将直接影响系统的功能及接口电路的设计等。

(2)外围设备。常用的外围设备按其功能可分为输入设备、输出设备及外存储器。输入设备用来输入程序、数据或操作命令,如键盘终端。输出设备如打印机、绘图机、显示器等,输出以字符、曲线、表格、画面等形式来反映生产过程工况和控制信息。外存储器如硬盘等,兼有输入和输出两种功能,用来存放程序和数据,作为内存储器的后备存储设备。

(3)过程输入/输出通道。过程输入/输出通道是主机与生产对象之间进行信息交换的桥梁和纽带,如图6-3所示。过程输入通道包括模拟量输入通道(AI通道)和开关量输入通道(DI通道)。AI输入通道先把模拟量信号(如温度、压力、流量等)转换成数字信号再输入,DI通道直接输入开关量信号或数字量信号。过程输出通道包括模拟量输出通道(AO通道)和开关量输出通道(DO通道)。AO通道把数字信号转换成模拟信号后再输出,DO通道直接输出开关量信号或数字信号。过程输入/输出设备还必须包括自动化仪表才能和生产过程(或被控对象)发生联系,这些仪表有信号测量变送单元(检测仪表)和信号驱动单元(执行器)等。

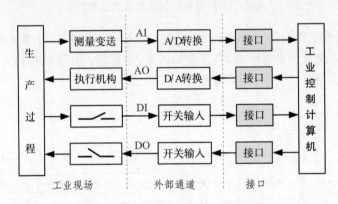

图6-3　计算机过程输入/输出通道

(4)人机联系设备。操作员与计算机之间的信息交换是通过人机联系设备进行的,如显示器、键盘、专用的操作显示面板或操作显示台等。人机联系设备也称为人机接口,是人与计算机之间联系的界面,具有显示生产过程的状态、供操作人员实施生产操作、显示操作结果的功能。

2. 软件部分

计算机控制系统的软件是指完成各种功能的计算机程序总和。软件又可分为系统软件和应用软件两类型。系统软件一般包括操作系统、过程控制程序、高级算法语言、过程控制语言、数据库软件和诊断程序等,一般是由厂家提供的。应用软件一般分为过程输入程序、过程控制程序、过程输出程序、人机接口程序、打印程序和公共服务程序等,以及控制系统组态、画面生成、报表曲线生成和测试等工具性支撑软件。应用软件大部分由用户根据需要进行开发。

3. 计算机控制系统工作原理

计算机控制系统的控制过程反映计算机控制系统的工作原理。计算机控制系统的控制过程通常可归结为下述三个步骤:

(1)数据采集:对被控对象参数的瞬时值进行实时检测,并转化为标准信号输送给计算机。

(2)控制决策:计算机对采集到的表征被控参数的数据信息进行分析,并按已定的控制规律(控制程序)输出控制指令决定控制过程。

(3)控制输出:根据输出的控制指令,对执行机构产生控制作用,实现对生产过程的实时控制。

计算机控制系统工作原理如图 6-4 所示。上述三个过程不断重复,使整个系统能够按照一定的动态品质指标进行工作,并且能对被控参数和设备本身出现的异常状态及时监督,同时做出迅速处理。对连续量的变化过程进行控制,要求控制系统能满足实时性要求,即在确定的时间内对输入量进行处理并做出反应,超出这个时间,控制就失去了意义。

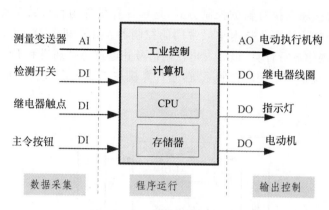

图 6-4　计算机控制原理示意图

6.2　计算机控制系统的分类

计算机控制系统的类型与其所控制的生产对象和工艺要求密切相关,被控对象和工艺性指标不同,相应的计算机控制系统也不同。根据计算机控制系统的特点,可分为操作指导控制系统、直接数字控制系统、监督计算机控制系统三种类型。

1. 操作指导控制系统

操作指导控制系统是一种开环控制系统,计算机的输出与生产过程没有直接联系,控制动作是由操作人员接受计算机的指示完成的。计算机通过模拟量输入通道和开关量输入通道采集到实时数据以后,根据一定的控制算法(数学模型)计算出供操作人员选择的最优操作条件及操作方案,操作人员根据显示或打印机输出的操作指导信息去调节仪表,从而实现对生产过程的控制。操作指导控制系统如图 6-5 所示。

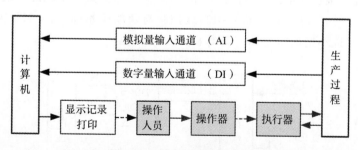

图 6-5　操作指导控制系统

操作指导控制系统即"自动检测+人工调节",其特点是结构简单,控制灵活、安全,尤其适用于被控对象数学模型不明确或试验新的控制系统,但仍需要人工参与操作,效率不高,且不能同时控制多个对象。

2. 直接数字控制系统

直接数字控制系统(Direct Digital Control，DDC)如图 6-6 所示。这种控制系统是以微处理机为基础,传感器或变送器的输出信号直接输入微型计算机中,经微型计算机按预先编制的程序计算处理后直接驱动执行器的控制方式,这种计算机称为直接数字控制器,简称 DDC 控制器。这也是目前楼宇智能化技术中最常用的控制器。计算机通过 AI 和 DI 采集实时数据,再按一定的控制规律进行计算,最后发出控制信号并通过 AO 通道和 DO 通道直接控制生产过程,因此 DDC 系统是一个闭环控制系统,是计算机在工业生产过程中最普遍的一种应用方式。

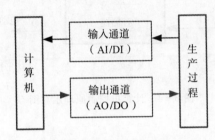

图 6-6 直接数字控制系统

DDC 系统中的计算机直接承担着控制任务,因而要求实时性好、可靠性高和适应性强。为充分发挥计算机的利用率,一台计算机通常要控制几个或几十个回路,因此必须合理设计应用软件,使之能不失时机地完成所有功能。工业生产现场环境恶劣、干扰频繁,直接威胁着计算机的可靠运行,因此,必须采取抗干扰措施来提高系统的可靠性,使之能适应各种工业环境。

3. 监督计算机控制系统

监督计算机控制系统(Supervisory Computer Control，SCC)如图 6-7 所示。SCC 系统采用两级计算机,其中 DDC 计算机(称为第一级)完成直接数字控制功能,DDC 用计算机与生产过程连接,直接承担控制任务,因而要求可靠性高、抗干扰性强,并能独立工作;SCC 计算机(称第二级)则根据反映生产过程工况的数据和数字模型进行必要的计算,给 DDC 计算机提供各种控制信息,比如最佳给定值和最佳控制量等,从而可确保生产工况处于最优状态(如高效率、低能耗、低成本等)。SCC 计算机承担高级控制与管理任务,信息存储量大,计算任务重,一般选用高档微型或小型机作为 SCC 计算机。

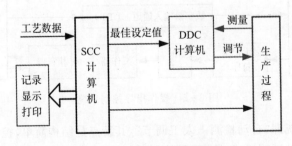

图 6-7 监督计算机控制系统

SCC 系统较 DDC 系统更接近生产实际的变化情况，它是操作指导系统和 DDC 系统的综合与发展，它不但能进行定值调节，而且也能进行顺序控制、最优控制和自适应控制。

6.3　计算机控制系统的结构形式

随着生产过程自动化水平的提高，各生产环境之间的联系也越来越紧密。对于一个大型工业系统，若采用一台计算机进行集中控制，在实现较为复杂的控制结构及控制算法时，就需要内存容量很大的计算机，而且计算时间较长。并用一台计算机集中控制危险性高度集中，整个控制系统的可靠性降低。

如果采用多台计算机组成多级系统进行控制，可以将各功能分散到多台计算机中，内存空间也可以分散。多机并行计算机可节省计算时间，并大大提高系统的灵活性，而且设计灵活、可扩充性好、性能价格比高。多计算机控制系统结构形式，一般可分为分布式控制系统（DCS）和现场总线控制系统（FCS）。

6.3.1　分布式控制系统

分布式控制系统（DCS，Distributed Control System）是将各种不同功能或不同类型的计算机分级连接的控制系统，在这种分级控制系统中，除了直接数字控制和监督控制外，还有集中管理的功能。分布式控制系统是工程大系统，主要解决的问题不是局部优化问题，而是一个工厂、一个公司的总目标或任务的最优化问题。

分布式控制系统也称为集散控制系统。它采用集中管理，分散控制、分级管理、综合协调的设计原则，从下到上将计算机控制系统分为现场控制层、监控层、管理层。DCS 控制系统结构如图 6-8 所示。智能建筑 BAS 产品中大多使用该系统结构。DCS 通常采用分级递阶结构，每一级由若干子系统组成，每一个子系统实现若干特定的有限目标，形成金字塔结构。在同一层次中，各计算机的功能和地位是相同的，分别承担整个控制系统的相应任务，如现场控制器完成对被控设备的实时监测与控制任务，这克服了集中控制带来的危险性高度集中和常规功能单一的局限性。同一层次中的计算机之间的的协调主要依赖上一层计算机的管理，部分依靠与同层次中的其他计算机数据通信来实现。由于实现分散控制，系统处理能力提高很多，而危险性大大分散，较好地满足了计算机控制系统的实用性、可靠性和整体协调性等要求。

根据被控对象的特性和生产工艺的要求，集散控制系统可采用顺序控制、定值控制等控制策略和相应的控制算法。

DCS 控制系统的基本组成由面向被控对象的现场 I/O 控制分站、面向操作人员的操作站、面向监控管理人员的工程师站、管理计算机和满足系统通信的计算机网络等几个部分组成。

（1）现场 I/O 控制站。现场 I/O 控制站的数目根据被控对象的复杂度而定，复杂度越高，数目就越多。它主要由 CPU、存储器、I/O 模块、内部总线及通信接口等部件组成，是承担现场分散控制任务的网络节点，现场 I/O 控制站的硬件组成如图 6-9 所示。现场控制单元一般远离控制中心，安装在靠近现场的地方，其高度模块化结构可以根据过程监测和控制的需要配置成由几个监控点到数百个监控点的规模不等的过程控制单元。

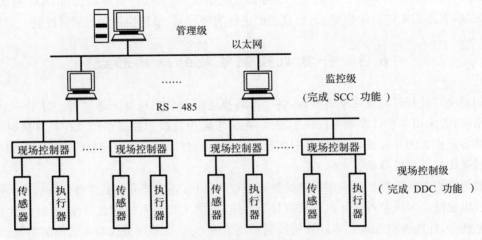

图 6-8　DCS 控制系统的结构形式图

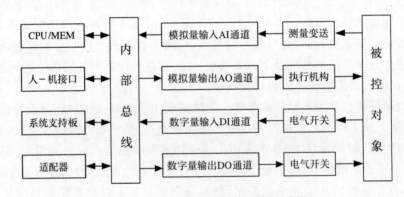

图 6-9　现场 I/O 控制站的硬件组成图

(2)操作员站。操作员站主要由微型计算机、键盘、CRT 和操作控制台等组成,是实现人机界面功能的网络节点,起着汇总报表及图形显示的作用。从系统功能上看,操作员站主要实现一般的生产操作和监控任务,具有数据采集和处理、监控画面显示、故障诊断和报警等功能。在操作员站,操作人员通过人机界面能及时了解现场工况、各种运行参数的当前值、是否有异常情况发生及其声光报警、联锁保护动作等,也可通过输入设备(如键盘、鼠标)对生产过程进行调控,确保安全生产、优质高产、节能降耗。

(3)工程师站。工程师站主要对 DCS 进行离线配置、组态、在线系统监控和维护的网络节点的工作。系统工程师站通过它可以及时调整系统的配置、参数设定,从而使 DCS 处于最佳的工作状态之下。此外,工程师站对各个现场控制站、各个操作员站的运行状态和网络的通信情况等进行实时监控,一旦发现异常,报知系统工程师及时采取措施,进行调整或维修,保证 DCS 能够连续、正常运行,不会因此对生产过程造成损失。

从硬件设备上看,多数系统的工程师站和操作员站合在一起,仅用一个工程师键盘加以区分。操作员站和工程师站一般属于 SCC 监控级。DCS 系统中集中管理级计算机简称生产管理级 MIS(Management Information System),其主要功能是进行生产计划,并指挥 SCC 级进行工作。DDC 级和 SCC 级一般可采用微机、单片机或 PLC(可编程控制器)承担。MIS 级一般采用中、大型计算机或高档微型机,即要求是数据处理和科学计算能力强、内存容量大的计算机。

(4)DCS 通信网络。DCS 的基本结构是计算机网络,面向被控对象的现场控制站、面向操作人员的操作站、面向监控管理人员的工程师站都是连接这个网络上的三类节点,均包括 CPU 和网络接口等,也都具有自己特定的网络地址(节点号),可以通过网络发送和接收数据信息。网络中的各节点地位平等、资源共享且相互独立,形成信息集中、控制和危险分散、可靠性提高的功能结构。此外,DCS 网络的结构还具有极强的扩充性,能够方便、灵活地满足 DCS 的升级和扩充要求。DCS 的通信网络是一个控制网络,不同于普通计算机网络,应具有良好的实时性、较高的安全性、可靠性和较强的环境适应性等特殊要求。

DCS 虽然称为分布式控制系统,但其现场监控层并未彻底实现分布。现场控制站的控制器与现场自动化仪表(如传感器、执行器)的测控信号联系仍然为 DC 4～20 mA 的模拟信号。因此,DCS 是半数字化系统。

6.3.2　现场总线控制系统(Fieldbus Control System, FCS)

现场总线(Fieldbus)即工业数据总线,它是自动化领域中计算机通信体系最底层的低成本网络,是连接智能现场设备和自动控制系统的数字式、双向传输、多分支结构的通信网络。其优点是适应工业控制系统向分散化、网络化、智能化发展方向,可减少系统线缆,简化系统安装、维护和管理,降低系统投资和运行成本。随着现场总线技术与智能仪表管控一体化(仪表调校、控制组态、诊断、报警、记录)的发展,这种开放型的工厂底层控制网络构造了新一代的网络集成式全分布计算机控制系统,即现场总线控制系统。

FCS 从本质上说是一种数字通信协议,是连接智能现场设备和自动化系统的数字式、全分散、双向传输、多分支结构的通信网络;是控制技术、仪表工业技术和计算机网络技术三者的结合,具有现场通信网络、现场设备互连、互操作性、分散的功能块、通信线供电和开放式互连网络等技术特点。这些特点不仅保证了 FCS 完全可以适应工业界对数字通信和自动控制的需求,而且使它与 Internet 互联构成不同层次的复杂网络成为可能。现场总线控制系统结构如图 6-10 所示。

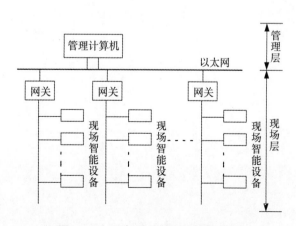

图 6-10　现场总线控制系统结构图

　　FCS 突破了 DCS 中通信由应用网络和封闭系统来实现所造成的缺陷,把基于封闭、专用的解决方案变为基于分开化、标准化的解决方案,即可使来自不同厂商而遵守同一协议规范的自动化设备,通过现场总线网络连接成系统,实现综合自动化的功能;同时把 DCS 结构变成了新型的全分部式结构,把控制功能放到现场,依靠现场智能设备本身即可实现基本控制功能。

　　在传统计算机控制系统中,现场仪表和控制器之间均采用一对一的物理连接。这种传输方式一方面要给现场安装、调试及维护带来困难;另一方面难以实现现场仪表的在线参数整定和故障诊断,无法实时掌握现场仪表的实际情况,使得处于最底层的模拟变送器和执行机构成了计算机控制系统中最薄弱的环节。现场总线采用数字信号传输,允许在一条通信线缆上挂接多个现场设备,而不再需要 A/D、D/A 等 I/O 组件。当需要增加现场控制设备时,现场仪表可就近连接在原有的通信线上,无需增设其他任何组件。

　　从结构上看,DCS 实际上是"半分散""半数字"的系统,而 FCS 采用的是一个"全分散""全数字"的系统架构。FCS 的技术特征可以归纳为以下几个方面:

　　(1)全数字化通信。现场信号都保持着数字特性,现场控制设备采用全数字化通信。

　　(2)开放型的互联网络。可以与任何遵守相同标准的其他设备或系统相连。

　　(3)互操作性与互用性。互操作性的含义是指来自不同制造厂的现场设备可以互相通信、统一组态,而互用性则意味着不同生产厂家的性能类似的设备可进行互换而实现互用。

　　(4)现场设备的智能化。总线仪表除了能实现基本功能之外,往往还具有很强的数据处理、状态分析及故障自诊断功能,系统可以随时诊断设备的运行状态。

　　(5)系统架构的高度分散性。它可以把传统控制站的功能分散地分配给现场仪表,构成一种全分布式控制系统的体系结构。

第7章 空调水系统的自动控制

随着公共建筑规模的增大,中央空调的空气调节系统、冷冻站和空调水系统的规模也相继扩大,并变得更加复杂。中央空调系统在大型公共建筑中的使用,给人们带来了舒适的生活和工作环境,也使得建筑能耗大幅度上升。因此中央空调系统的运行调节也越来越离不开自动控制系统。自动控制不仅能使空调风系统与空调水系统实现自动调节,自动适应室外空气参数及室内负荷变化,同时也能做到节约空调的冷量和热量,降低建筑能耗。

7.1 空调水系统概述

7.1.1 中央空调水系统

空调冷(热)源系统的作用是为空气调节系统提供所需的冷(热)量,如为空气处理设备集中提供一定温度的冷(热)媒水,以抵消室内环境的冷(热)负荷。工程中常见的空调冷源是冷水机组,热源是锅炉房、城市热网和热交换站等。中央空调冷源系统包括空调冷水机组和空调水系统,中央空调冷源系统如图7-1所示。空调水系统是指由中央设备供应的冷(热)水为介质并送至末端空气处理设备的水路系统,空调水系统包括冷冻水循环系统和冷却水循环系统。

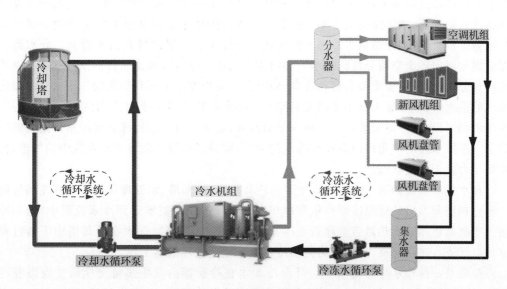

图7-1 中央空调冷源系统

中央空调系统的热量交换过程如图7-2所示,这个热量交换过程反映了中央空调系统的工作原理。以夏季为例,冷冻水循环系统将冷水机组蒸发器制出的温度较低的冷冻水通过水泵输送到空气处理设备,经过热交换,冷冻水吸收室内空气热量后,返回到冷水机组进行第二次循环。制冷剂循环的作用就是将冷冻水热量带给冷却水,它是整个中央空调的核心制冷过程。压缩机出来的呈高温高压的气态制冷剂进入冷凝器后,冷凝释放大量热量降温降压,这些热量被冷却水吸收并送到室外的冷却塔中,最终被排放至室外大气中。制冷剂继续流动经过节流装置,变成低温低压液体进入蒸发器,在蒸发器中,制冷剂吸收冷冻水中的热量不断汽化,又变成低压气体,重新进入压缩机,如此循环往复。冷却水循环系统将冷水机组冷凝器中温度较高的出水送至冷却塔,将热量带到外界,冷却水在冷却塔内散热后经过滤器过滤杂质,再经过冷却水泵送入冷凝器对冷凝器进行降温散热,形成冷却回路。中央空调系统通过此循环来实现空调冷量传递,达到降低室内温度的目的。

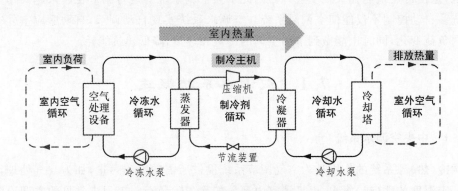

图7-2　中央空调系统的热量交换过程

冷冻水循环系统如图7-3所示,其主要由冷冻水泵、分水器、集水器、膨胀水箱、水处理装置等及管路构成,冷冻水循环系统通常采用闭式循环系统。整个冷水循环环路可分为冷源侧环路和负荷侧环路两部分,冷源侧环路是指从集水器经过冷水机组到分水器,再由分水器经旁通环路进入集水器,该环路负责冷冻水的制备。负荷侧环路是指从分水器经空调末端设备返回集水器这段管路,该环路负责冷冻水的输送。冷冻水泵一般设置在回水管上。分水器和集水器分别与通向各个空调分区的供水管和回水管相连。分水器和集水器不仅有利于各空调分区的流量分配,而且便于调节和运行管理,同时在一定程度上也起到均压的作用。分水器用于冷冻水的供水管路上,集水器用于回水管路上。膨胀水箱是用于接收、补偿系统运行过程中水量的一个钢制设备,一般安装在整个系统的最高处,通常会被接到冷冻水泵吸水口附近的回水干管上。膨胀水箱的使用可以避免冷冻水的溢失,同时还可以消除冷冻水系统中的气泡,使冷冻系统压力处于稳定状态。

冷却水循环系统如图7-4所示,主要由冷却水泵、冷却塔、水处理设备等及其连接管路构成。经冷却塔降温后的低温冷却水依靠冷却水泵提供的动力被输送到冷水机组中,低温冷却水通过冷凝器将多余的热量带走输送至冷却塔进行喷淋,高温冷却水在冷却塔中下落过程中与室外空气进行热量交换,最终变为低温冷却水。以此循环继续工作。

冷却塔是一种将水冷却的装置。低温冷却水在冷凝器内发生热量交换后变成高温冷却水,通过管道被送往冷却塔。因室外空气温度低于冷却水温度,两者之间进行热交换,把高温冷却水的热量散发到大气中去,降低冷却水的温度。广泛应用的逆流式冷却塔的结构组成如图 7-5 所示,从冷机流出来的高温冷却水经管道送至冷却塔内进行喷淋降温,高温冷却水同室外空气直接接触,冷却水中所含有的热量会通过水蒸发吸热而被带走。

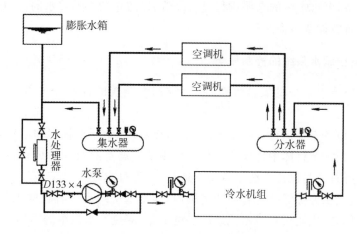

图 7-3　冷冻水循环系统图

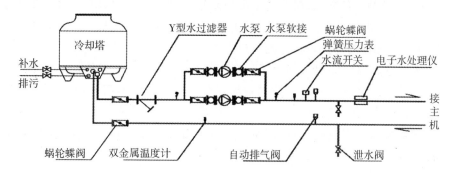

图 7-4　冷却水循环系统图

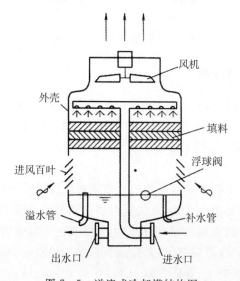

图 7-5　逆流式冷却塔结构图

通常供给于系统中的水会包含有大量的杂质,不合格的水会给系统带来结垢、腐蚀、污泥和藻类等问题,严重影响系统的使用效果,降低设备的性能,使用水处理设备可以使水质符合一定的水质标准,目前常用的水处理设备是电子水处理仪。在各个泵的入口处、各个阀门的入口处装设过滤设备,可对水中的杂质进行过滤处置,以防止杂物随着水的流动进入到整个系统中将管道堵住或者将设备污染。

7.1.2　中央空调水系统的控制任务

为确保中央空调水系统的安全经济运行,空调水系统的控制任务可以概括为以下三个方面:

(1)保证系统设备安全运行。在空调系统中,冷热源、输配水管网和用户末端装置组成了一个有机的整体,在这个整体中任何一个环节出现了问题都有可能造成设备损坏。因此空调水系统的控制任务首先是保证系统设备安全运行,要通过自动控制使流过冷水机组的冷冻水流量和冷却水流量、压力等保持在合适的范围内,为冷水机组提供合适的工作条件,一旦冷冻水或冷却水出现问题,应能切断冷水机组的供电回路,避免冷水机组的损坏。

(2)根据空调房间负荷的变化,及时准确地提供相应的冷量或热量。实际当中,空调系统的负荷只是设计负荷的一部分,有时只是很少一部分,这就要求冷热源能够及时准确地根据负荷的变化调整自己的产冷(热)量以适应空调负荷的变化。同时,空调水系统应能根据负荷的要求,及时准确地把相应的冷热量传送到用户末端。

(3)尽可能让冷热源设备和冷冻水泵、冷却水泵在高效率下工作,最大限度地降低能耗。实际系统中,无论是冷水机组还是水泵都存在一个工作效率问题,只有在一定参数下,这些设备才能工作到最佳工况,使效率达到最高或能耗达到最低。对冷水机组、冷冻水泵、冷却水泵、冷却塔采取合理控制,可以使系统设备运行在高效工作状态下,从而降低系统能耗,节省能源。

7.2　空调水系统分类及其控制

按照循环水量是否变化,中央空调水系统可以分为定水量系统和变水量系统。

7.2.1　定水量系统及其控制

定水量系统的循环水量保持定值,当负荷变化时,通过改变供回水温度来匹配。定水量系统负荷侧水流量的变化基本上由水泵的运行台数决定,通过各末端的水量通常是一个定值或随水泵运行台数呈阶梯性变化,不能对水量进行无极调节。因此当末端负荷减少时,定水量系统易造成区域过冷或过热。

为解决末端控制问题,工程上定水量系统可在末端设三通调节阀,采用三通阀调节的定水量系统如图7-6所示。当负荷变化时,依据室内温度信号或送风温度信号,控制三通阀调节阀旁通流量,改变末端设备的水量,达到维持室内温度或送风温度恒定目的。定水量系统结构简单,操作方便,无需复杂的自控设备,但是定水量系统中的水泵大部分时间在满负荷下工作,输送能耗始终大于设计的最大值,耗能严重。

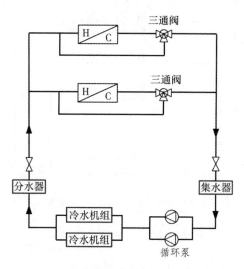

图 7-6　空调冷冻水定水量系统

7.2.2　变水量系统及其控制

在空调水系统节能控制技术中,变水量系统应用最为广泛。空调水系统采用变流量控制技术的目的就是在满足各末端用户空调负荷要求及系统安全运行的前提下,尽可能地减少空调水系统输送动力设备,即水泵的电耗。变水量系统的供回水温度保持定值,系统供水量随着负荷而变化,使水泵输送能耗随负荷减少而降低。变水量系统的负荷侧采用二通阀调节,依据相应的检测信号,调节二通阀的开度,改变负荷侧水流量,以维持室内温度或送风温度恒定。

空调变水量系统按照冷源输配方式可分为一级泵变水量系统和二级泵变水量系统。按照冷水机组性能,可分为冷水机组定流量系统与冷水机组变流量系统。

冷水机组定流量一级泵变水量系统如图 7-7 所示,在该系统中冷源侧与负荷侧合用一组冷水泵,冷水泵用以克服冷水机组、空调末端及管路系统的水阻力;冷水泵为定频泵,用户侧变流量通过用户端两通阀的调节实现,为保证冷源侧流量恒定,系统分水器、集水器间设有旁通阀,旁通阀的开度可依据相应检测信号进行调节。

冷水机组定流量二级泵变水量系统如图 7-8 所示,该系统中环路的动力由一级泵和二级泵两级提供,一级泵用来克服冷水机组的阻力,二级泵用来克服空调末端侧的阻力。该系统是通过对二次泵的台数或频率控制调节负荷侧流量的。由于空调末端负荷会有变动,二级泵通常采用变频水泵,通过环路空调负荷变化对二级变频泵进行独立控制与调节。在二级泵变水量系统中,冷源侧与负荷侧间设置旁通管,当冷源侧流量与负荷侧需求流量不一致时,旁通管发挥作用以平衡两侧的流量差异,因此该旁通管也称为平衡管。一级泵与二级泵流量在设计工况完全匹配时,平衡管之间无压差,即无水量通过;当一级泵与二级泵流量调节不完全匹配时,平衡管有水量通过,使一级泵与二级泵流量保持在设计工况,并保证蒸发器流量恒定。

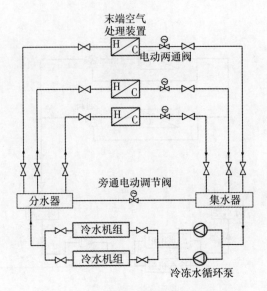

图 7-7 空调冷冻水一级泵变水量系统

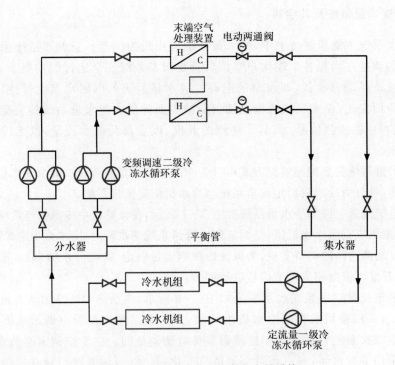

图 7-8 空调冷冻水二级泵变水量系统

冷水机组变流量一级泵系统也称为单级泵直接变流量系统,在该系统中一级泵采用变频调速泵,这样可进一步挖掘一级泵的节能潜力,采用该系统的前提条件是冷水机组允许的水流量变化比较大,例如,离心机组宜为额定流量的 30%～130%,螺杆式机组宜为额定流量的 40%～120%。在单级泵直接变流量系统中,一级泵根据检测信号直接变频,为保证冷源侧流量高于冷水机组允许的低限流量,一级泵通常设置频率下限,且分水器、集水器间的旁通阀依据冷源侧流量监测值进行控制。

变水量冷冻水循环系统的被控量可以是供回水压差、供回水温差、流量、冷量以及这些参数的组合等,其中压差控制和温差控制是两种最基本的也是最常见的控制策略。对于末端装有控制水阀的变水量系统,一般采用压差控制策略,压差监测点一般取设计工况下供回水主干管两侧压差值或最不利末端环路上用户末端压差值。对于末端不设控制水阀的系统,在部分负荷时系统的监测压差几乎不变,针对这种系统,一般采用温差控制策略,温差信号为干管供回水温差值。相比于压差控制系统,温差信号的采集可能会离负荷变化点有着一定距离,信号传递也有着相对的滞后,控制的精度性较差。

7.3　冷冻水循环系统控制

7.3.1　冷冻水循环系统的控制任务

冷冻水循环系统是指把冷水机组所制的冷冻水经冷冻水泵送入分水器,由分水器向各空调分区的风机盘管、新风机组或空调机组供水后返回到集水器,经冷水机组循环制冷的冷冻水环路。在冷冻水循环系统中,如果冷冻水泵损坏就会使冷冻水断流,使蒸发器的温度和压力下降,当冷冻水温度低于 0 ℃时会使蒸发器冻裂损坏。如果冷冻水循环系统不能及时准确地将冷量传送到末端设备,就会影响空调房间的温、湿度参数值,对于空调精度要求高的工艺性空调而言,甚至会造成控制精度的超限以至影响生产过程的正常进行。对冷冻水循环系统而言,其自动控制任务主要如下:

(1)保证冷水机组的蒸发器有足够的水量,以使蒸发器正常工作,防止出现冻结现象,损坏冷机。

(2)向用户提供充足的冷冻水量,以满足用户的要求。当用户负荷减少时,能自动调整冷水机组的供冷量,或适当减少供给用户的冷水量。

(3)保证用户端一定的供水压力,在任何情况下都保证用户端能正常工作。

(4)保护冷冻水泵安全工作,在满足使用要求的前提下,尽可能减少循环水泵的电耗。

7.3.2　压差控制

当空调房间内的负荷发生变化时,为保持空调房间内的温度与设定的温度相同,就需要调节空调末端两通阀的开度,改变冷水流量,而末端两通阀开度的变化,会引起供回水干管间压差随之也发生变化。为了保证系统在运行过程中不管负荷如何变化,系统压力工况都稳定,以及冷冻水泵流量和冷水机组的水量稳定,可采取压差控制法。如果压差监测点为供回水主干管两侧压差值,则为干管压差控制,压差传感器设置于供回水干管间;如果压差监测点为最不利末端环路上用户末端压差值,则为末端压差控制,压差传感器设置于最不利末端支路两端。

1. 冷水机组定流量一级泵干管压差控制系统

冷水机组定流量一级泵干管压差控制系统原理图如图 7-9(a)所示,其控制原理方框图如图 7-9(b)所示。压差控制器 PdA 通过供回水干管之间的压差信号调节旁通阀开度,改变旁通水量,不仅恒定压差,使压力工况稳定,同时也保证了冷源侧的定水量运行。当系统处于设计工况,所有设备满负荷运行时,压差旁通阀开度为零,此时供回水干管之间的压差值为控制器的设定值。当末端负荷减小时,末端的两通阀关小,供回水压差将会增大,压差控制器控制旁通电动阀开度逐渐增大,使供回水干管压差减小直至达到初始设定值。

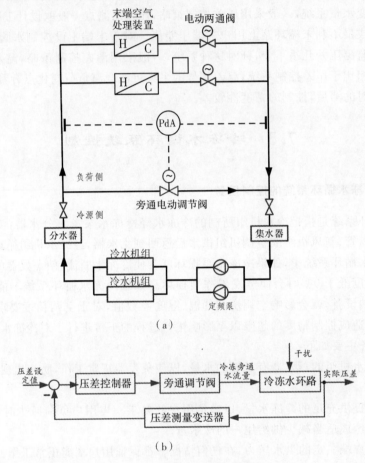

（a）

（b）

图 7-9　一级泵干管压差控制系统
(a)控制系统原理图;(b)控制原理方框图

　　旁通电动阀的最大设计水流量是单台循环水泵的流量,当空调负荷减小到相当的程度,通过旁通管路的水量基本达到一台水泵的流量时,则自动停止一台冷水机组和水泵的工作,从而达到节能的目的。干管压差控制系统的压差传感器的两端接管应尽可能地靠近旁通阀两端并应设于压力较稳定的地点,以减少水流量的波动,提高控制的精确性。

　　2. 冷水机组变流量一级泵干管压差控制系统

　　冷水机组变流量一级泵干管压差控制系统原理图如图 7-10(a)所示,其控制原理方框图如图 7-10(b)所示。压差传感器检测冷冻水干管供回水压差,将实测压差与设定压差进行比较后,根据二者之间的偏差采用 PID 控制技术对变频冷冻水泵进行变频控制,调节泵的运行工况,从而改变冷媒水流量,以适应建筑物内负载的变化。可通过旁通阀的阀位信号,控制冷水机组的运行台数。

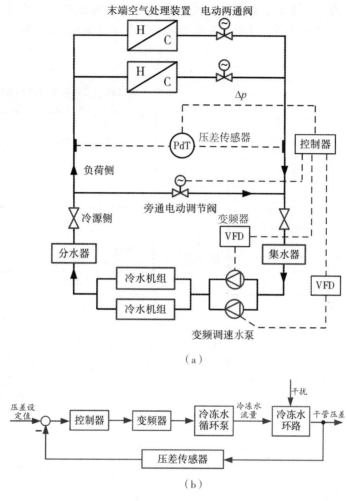

图 7 - 10　冷水机组变流量一级泵干管压差控制系统

(a)控制系统原理图;(b)控制原理方框图

3. 末端压差控制系统

末端定压差控制是基于系统最不利末端的压差信号进行控制的。在最不利末端支路两端设置压差传感器,部分负荷下,室内温度控制器根据室内温度的变化改变二通阀的开度,末端支路两端压差随末端调节阀开度的改变而改变。依据末端支路压差传感器传送的压差信号,在冷水机组定流量一级泵系统中压差控制器控制旁通阀的开度,维持最不利环路的所需流量;在冷水机组变流量一级泵中压差控制器控制一级变频泵的转速,维持最不利环路的所需流量。一级泵末端压差控制系统如图 7 - 11 所示。

在冷水机组变流量系统中,为保证冷水机组的运行安全,控制系统需对冷水机组的流量进行监测,以保证机组工作在可承受的流量变化范围之内。可通过旁通阀的阀位信号,控制冷水机组的运行台数。

压差控制的特点是反应快,灵敏度高。这是因为压差响应的时滞性比较小,当负荷侧流量波动频繁时,压差信号能够较快地跟随流量的变化而变化,使系统调节时间较短。但是,由于冷冻水系统的负荷与压差之间没有直接的关系,压差的变化不能准确地反映空调负荷的变化,因此将压差信号作为被控变量来调节冷冻水流量,也就不能保证冷冻水流量准确地随着负荷变化而变化。压差控制可能会造成靠近末端的建筑物发生过流现象,出现末端空调区域温度过低的问题。

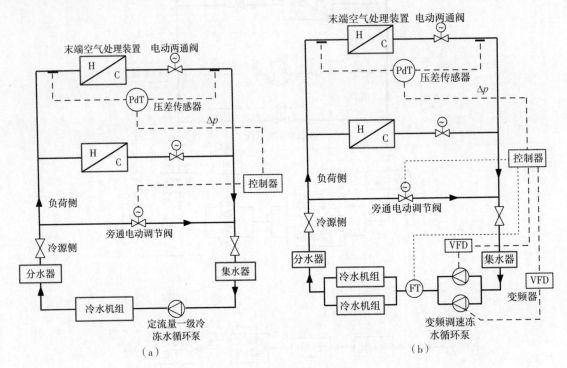

图 7-11　末端压差控制系统

(a)冷水机组定流量一级泵末端压差控制系统;(b)冷水机组变流量一级泵末端压差控制系统

7.3.3　温差控制

对于末端不设控制水阀的系统,在部分负荷时系统的监测压差几乎不变,针对这种系统,控制参考量一般采用温差信号。温差信号可以准确地将建筑物内的负荷变化反映出来,进而能获知管道内水流的变化。监测的温差信号通常取冷/热源的冷/热媒进出口温差。

空调系统的实际需冷量为

$$Q = q_m c(T_2 - T_1) \tag{7-1}$$

式中,q_m 为回水流量,kg/s;c 为水的比热容,其值为 4.186 8 kJ/(kg·℃);T_1、T_2 为冷冻水供、回水温度,℃。

冷水机组的出水温度一般设定为固定值 7℃,若冷冻水流量不变,则不同的回水温度实际上反映了空调系统中不同的需冷量。冷冻水干管供回水定温差控制系统如图 7-12 所示,温差控制器依据干管供回水温差信号 $\Delta T = (T_2 - T_1)$ 控制水泵的速度。当负荷下降时,若水流量保持不变,则回水温度下降,ΔT 相应变小;要保持 ΔT 不变,可通过温差控制器 TC、变频器 VFD 来降低水泵转速、减少水流量、降低水泵能耗,冷冻水干管供回水定温差控制原理方框图如图 7-12(b)所示。当系统采用温差信号控制水泵时,只能采用压差信号或者流量信号平衡用户侧和冷、热源侧流量。

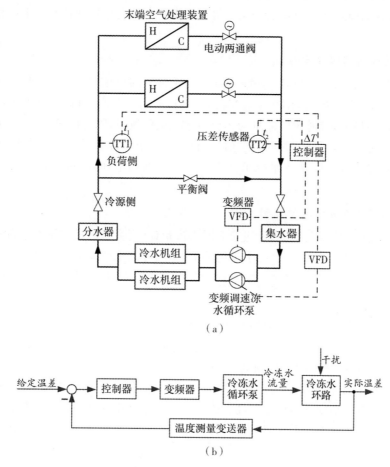

图 7-12 冷冻水干管供回水温差控制系统

(a)冷冻水干管供回水温差控制系统原理图;(b)冷冻水干管供回水温差控制原理方框图

由式(7-1)可以看出,通过测量用户侧的供回水温度及冷冻水流量,计算实际所需冷量,可决定冷水机组的运行台数。

虽然冷冻水供回水温差的变化可以直接反映空调负荷的变化,但是由于温度采集点离空调末端有一定的距离,并且空调管路比较长,当前时刻所检测到的冷冻水供回水温差,实质上反映的是一段时间以前的温度变化,即冷冻水要经过一个循环(一定时间)后,其温度变化才能反映出来,因此温差控制具有较大的时滞性。尤其是当空调负荷发生突变时,温差控制存在的较大时间滞后,会使得控制的及时性和快速性都会降低。总之,温差控制较压差控制的适用场合少,且约束条件较多,虽然其节能效果要优于压差控制,但对于大部分变流量空调水系统而言,压差控制是首选的变流量控制策略。

7.3.4 设备运行台数控制

当系统有多台机组时,为了使系统设备的运行工况能够适应负荷的变化而变化,最大限度地降低能耗,同时为了延长各设备的使用寿命,尽可能让设备的运行累积小时数相同,需要自动控制系统能够根据建筑物冷负荷的变化对机组的运行台数进行自动控制。下面介绍多台机组常用的控制方法。

1. 干管压差旁通阀阀位控制

在恒定供回水干管压差控制系统中,可通过旁通阀的阀位信号,控制冷水机组的运行台数,旁通阀开度在 10%~90% 范围变化。当低负荷时,启动一台冷水机组,其相应的水泵同时运行,旁通阀开度为最大,旁通阀的流量为一台冷水机组的流量;随着的负荷增加,旁通阀趋向关的位置,开度变为最小,通过此时的阀位信号,自动启动第二台水泵和相应的冷水机组(或发出警报信号,提示操作人员启动冷水机组和水泵);负荷继续增加,则进一步启动第三台冷水机组。

2. 恒定供回水压差旁通流量控制

在恒定供回水压差控制系统中,旁通管上增设流量计,用旁通流量控制冷水机组和水泵的启、停。旁通阀全开时的流量为一台冷水机组的流量,当冷冻水旁通流量超过了单台冷冻水循环泵流量时,则自动关闭一台冷水循环泵,对应的冷水机组、冷却泵及冷却塔也停止运行。

3. 回水温度控制

回水温度控制冷水机组运行台数的方式,适合冷水机组定出水温度的空调水系统。由式(7-1)可以看出不同的回水温度实际上反映了空调系统中不同的需冷量。控制器根据实测的回水温度信号可控制冷水机组及冷冻水泵的起停。

尽管从理论上来说,回水温度可以反映空调的需冷量,但由于水温传感器的精度不高,回水温度控制的方式控制精度也不可能很高。为了防止冷水机组启、停过于频繁,在采用此方式时,一般应采用自动监测、人工手动启、停的方式而不能自动启、停机组。该系统的压差控制仅起着平衡流量的作用。

4. 冷量控制

冷量控制原理是通过测量用户侧的供、回水温度及冷冻水流量,按照式(7-1)计算实际所需制冷量,由此决定冷水机组的运行台数。采用这种控制方式,传感器的设置位置是非常重要的。设置位置应保证回水流量传感器测量的是用户侧来的总回水流量,不包括旁通流量;回水温度传感器应该是测量用户侧来的总回水温度,不应是回水与旁通水的混合温度。冷量控制方法是工程中常用的一种方法,该系统中的压差控制仅起着平衡流量的作用。

7.3.5 二级泵冷冻水系统的控制

冷冻水二级泵变水量系统的主要特点是水环路的动力由初级泵(也称为循环泵)和次级泵(也称为加压泵)两级提供。一级泵安装在冷冻机蒸发器回路中,仅克服蒸发器及周围管件的阻力,至旁通管之间的压差几乎为零,当用户流量与通过蒸发器的流量一致时,旁通管内亦无流量。二级泵用于克服用户支路及相应管道阻力。冷冻水二级泵变水量系统如图 7-13 所示。

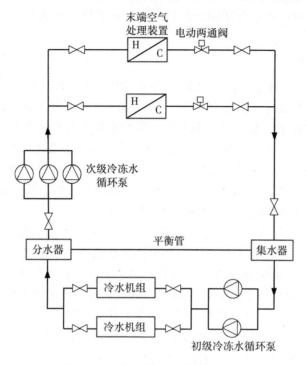

图 7 - 13　冷冻水二级泵变水量系统

在二级泵系统中,初级泵随冷水机组联锁启、停,一般基于冷量控制原理控制制冷机台数,传感器的设置原则与一级泵系统相同。对次级泵则根据用户侧需水量进行台数启、停控制,次级泵控制可分为台数控制、变速控制和联合控制。

1. 次级泵台数控制

当次级泵全部为定频泵时,可根据供回水压差或者用户侧流量对次级泵进行台数控制。

当系统需水量小于次级泵组运行的总水量时,为了保证次级泵的工作点基本不变,稳定用户环路,在次级泵环路中设旁通电动阀,通过压差控制旁通水量。根据供回水压差和旁通阀阀位信号控制次级泵台数的过程如下:当旁通阀全开,压差仍超过设定值时,停止一台次级泵运行;当系统需水量大于运行的次级泵组总水量时,反映出的结果是旁通阀全关且压差继续下降,压差旁通阀全关;当压差仍低于设定值时,则应增加一台次级泵运行。

当根据用户侧流量对次级泵进行台数控制时,在用户侧设流量传感器,比较此流量测定值与每台次级泵设计流量即可方便地得出需要运行的次级泵台数。由于流量测量的精度较高,因此这一控制是较为准确的方法。采用流量控制方法时,旁通阀仍然需要,但它只是作为输水量旁通用,并不参与次级泵台数控制。

在二级泵系统中,当用户侧流量与通过蒸发器的流量一致时,旁通管内没有流量;当用户流量大于蒸发器的流量时,用户侧一部分回水通过旁通管回到供水管路;当用户流量小于蒸发器流量时,蒸发器侧一部分供水通过旁通管回到蒸发器入口。

2. 次级泵变速控制

若次级泵全部为变频泵,只能根据次级泵出口压力、供回水压差或最不利末端压差对次级泵进行变速控制。在变速过程中,如果无控制手段,用户侧供回水压差的变化将破坏水路系统的水力平衡,甚至使得用户的电动阀不能正常工作,因此变速泵控制时,不能采用流量为被控参数而必须用压力或压力差。

3. 次级泵联合控制

联合控制是针对定-变速泵系统而设置的,通常这时空调水系统采用的是一台变速泵与多台定速泵的组合,被控参数既可以选择压差也可以是温差。这种控制方式,既要控制变速泵转速,又要控制定速泵的运行台数,因此比较复杂。从控制和节能要求来看,任何时候变速泵都应保持运行状态,并且其参数会随着定速泵台数启停发生较大的变化。

无论是变速控制还是台数控制,在系统投入时,都应先手动启动一台次级泵(若有变速泵则应先启动变速泵),同时监控系统供电并自动投入工作状态。当实测冷量大于单台冷水机组的最小冷量要求时,则联锁启动一台冷水机组及相关设备。

当负荷侧二次泵系统的流量减少时,一次泵的流量过剩。盈余的水量经旁通管从 A 流向 B 返回一次泵的吸入端,这种状态称为"盈"。当流过旁通管的流量相当于一次泵单台流量 110%左右时,流量计触头动作,通过程序控制器自动关闭一台水泵和对应的冷水机组。

在一次泵仅部分台数运行的情况下,当要求二次泵系统的流量增大时,就会出现一次泵水量供不应求的情况。这时二次泵将使部分回水经旁通管从 B 流向 A,直接与一次泵输出的水相混合,以满足二次泵系统对水量增大的需要。这种状态称为"亏"。当出现的水量亏损达到相当于一次泵单台水泵流量的 20%左右时,旁通管上的流量开关将动作,将信号输入程序控制器,自动启动一台水泵和对应的冷水机组。

7.4 冷却水循环系统控制

7.4.1 冷却水循环系统的控制任务

冷却水系统是指制冷机的冷却用水,冷却用水先由冷却水泵送入制冷机冷凝器吸收热量,然后进入冷却塔再对冷却水进行冷却处理的循环冷却水环路。冷却塔、冷却水泵及管道系统向制冷机提供冷却水,冷却水循环系统的自动控制任务如下:

(1)保证冷水机组、冷却塔风机、冷却水泵安全运行。

(2)确保冷水机组冷凝器侧有足够的冷却水通过。

(3)根据室外气候及冷负荷变化情况调节冷却水运行工况,使冷却水温度在要求的范围内。

(4)根据冷水机组的运行台数,自动调整冷却水泵和冷却塔的运行台数,控制相关管路阀门的关闭,达到各设备之间的匹配运行,最大限度地节省输送能耗。

7.4.2 冷却塔的运行控制

在实际工作中,空调系统并不是一直都在满负荷条件下运行的,冷却塔的数量转换必须与空调的工作效率相结合来设置。如果冷却水系统有多个冷却塔,就必须找到适合冷却塔数量的最佳切换点,在不同条件下装入或卸载冷却塔,以对冷却塔运行数量进行调整。冷却塔风机的运行数量也会直接影响出水温度以及空调的运行效率,实际工程中冷却塔风机有双速或变速两种运行模式。冷却塔风机的变速控制,是通过改变风机的频率和转速达到改变冷却塔出水温度的目的,可实现较好的节能效果。

冷却塔与冷水机组通常是电气联锁的,冷水机组启动运行后,对应的冷却塔投入工作,但冷却塔风机不一定随冷水机组同时运行,只是要求冷却塔的控制系统投入工作,一旦冷却回水温度不能保证,则自动启动冷却塔风机。冷却塔风机的启、停台数根据制冷机台数、室外温湿度、冷却水温度、冷却水泵启动台数来确定。

利用冷却回水温度来控制相应的冷却塔风机(风机台数控制或变速控制),不受冷水机组运行状态的限制,这是因为由于冷却塔与大气直接接触,冷却塔的冷却能力受到外界环境的影响,如空气焓和湿球温度。例如当室外湿球温度较低时,虽然冷水机组运行,但也可能仅靠水从塔流出后的自然冷却而不是风机强制冷却即可满足水温要求),冷却塔风机控制是一个独立的控制回路。

7.4.3　冷却水系统的监控

如图 7 - 14 所示为一典型的冷却水监控系统,该系统装有 4 台冷却塔(F1~F4)、2 台冷却水循环泵(P1 和 P2)。对冷却水系统而言,其主要监控内容如下:

(1)监测冷却水泵、冷却塔风机的运行状态。

(2)监测冷凝器的进出口水温,诊断冷凝器的工作状况。

(3)监测冷却塔的出口水温,诊断冷却塔的工作状况。

(4)根据制冷机的启、停联锁控制冷却水泵的启、停,保证制冷机冷凝器侧有足够的冷却水通过。

(5)根据室外温湿度、冷却水温度、制冷机的开启台数控制冷却塔的运行台数及风机转速,保证冷却水温度在设定的温度范围内。

(6)调节混水阀,防止冷却水温度过低。

(7)当设备出现故障、冷却水温度超过设定范围时,发出事件警报。

(8)累积各设备运行时间,便于维修保养。

各冷却塔进水管上的电动阀 V1、V2、V3、V4,用于当冷却塔停止运行时切断水路,以防分流,同时可适当调整进入冷却塔的水量,使其分配均匀,以保证各冷却塔都能达到最大的排热能力。为避免部分冷却塔在工作时,接水盘溢水,应在冷却塔进、出水管上同时安装电动蝶阀 V1~V8。冷却塔进水支管和出水支管上设置的两组电动两通阀要成对地动作,与冷却塔的启动和关闭进行电气联锁。

各制冷机冷凝器入口处的电动阀 V10、V11 仅进行通断控制,在制冷机停机时关闭,以防止冷却水分流,减少正在运行的冷凝器的冷却水量。

冷却水供回水干管之间的混水电动阀 V9 可用来调节冷却水温度,当室外气温低,冷却水温度低于制冷机要求的最低温度时,为了防止冷疑压力过低,应适当打开混水阀,使一部分从冷凝器出来的水与从冷却塔回来的水混合,来调整进入冷凝器的水温。但是,当能够通过启、停冷却塔台数,改变冷却塔风机转速等措施调整冷却水温度时,应尽量优先采用这些措施。用混水阀调整只能是最终的补救措施。

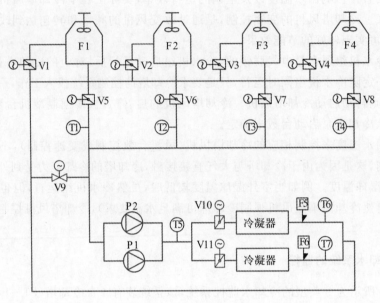

图 7-14 冷却水系统监控图

冷凝器出口温度 T6、T7 可确定冷凝器的工作状况。当某台冷凝器由于内部堵塞或管道系统误操作造成冷却水流量过小时,会使相应的冷凝器出口水温升高,从而及时发现故障。水流开关 F5、F6 也可指示无水状态,但当水量仅是偏小,并没有完全关断时,不能给出指示。

根据制冷机的启动台数,控制相应冷却水泵的运行台数,相应冷却塔进口电动阀是否打开;根据冷却塔的出口冷却水温度控制冷却塔风机高、低转速,保证冷却水温度在设定的范围内。当室外气温较低,所有冷却塔的风机均关闭后,制冷机冷凝器进口侧冷却水温度低于设定值(制冷机厂家提供的冷凝器最低进水温度)时,打开旁通阀,通过调节旁通阀开度来控制水温。

7.5 中央空调冷源系统

7.5.1 冷水机组的联锁控制

为保证冷机的安全,在空调冷冻水与冷却水系统的启动或停止过程中,冷机应与相应的冷冻水泵、冷却水泵和冷却塔进行电气联锁,冷水机组与辅助设备联锁控制,如图 7-15 所示。

冷机起动时要求水必须是流动的,否则会迅速结冰,损坏冷机。流入冷机的水还有温度限制,一般控制在 6～30℃ 之间。只有当所有的附属设备及附件都正常运行工作之后,冷水机组才能启动。由于冷水机组的各设备功率都较大,因此不能同时起动,要有一定的延时。冷水机组在起动 30s 内如果没有起动状态反馈,则认为起动失败,在 5min 内不允许再次起动。而停车时的顺序则相反,应是冷水机组优先停车。冷机关闭后,冷冻泵和冷却泵还要继续运行一段时间,以充分利用系统的冷量。冷水机组与辅助设备的起停顺序如图 7-16 所示。

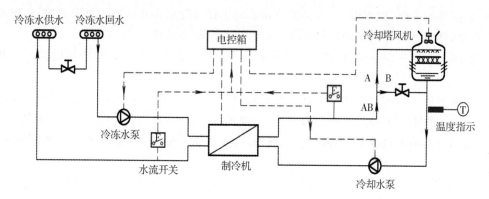

图 7-15　冷水机组与辅助设备的联锁控制示意图

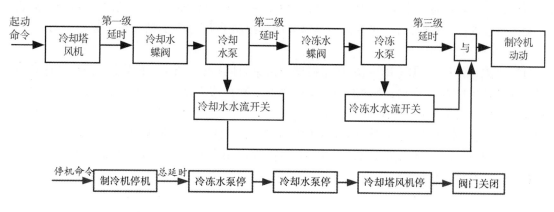

图 7-16　冷水机组的联锁控制

为了避免只用时间继电器延时控制的失误,从而引起制冷机的误启动,在冷冻水、冷却水出水口总管上通常需装设水流开关,水流开关的作用为冷水机组启动控制的一个外部保护联锁条件,即就是在水泵启动后水流速度达到一定值后,输出节点闭合,冷水机组才能启动。冷水机组冷冻水和冷却水接管上安装电动蝶阀,是为了冷水机组与水泵运行能——对应进行,避免分流。

7.5.2　中央空调冷源系统监控内容

冷源监控系统的作用是通过对冷水机组、冷却水泵、冷却水塔、风机的控制,在满足室内舒适度或工艺温湿度等参数的条件下,有效、大幅度地降低冷源设备的能量消耗。

冷源监控系统的监控内容如下:

(1)监测冷冻水供水温度,冷冻水一次回水、二次回水温度,以了解冷冻水的工作温度是否在合理的范围之内。

(2)监测冷冻水一次供、回水压力,根据冷冻水供回水压差,控制其旁通阀开度,维持压差平衡。

(3)监测冷冻水回水流量,与冷冻水供、回水温差相结合,可计算出冷量,以此作为能源消耗计量的依据,根据冷负荷确定冷水机组启停台数,以达到最佳节能效果。

（4）监测冷却水供、回水温度，以了解冷却水的工作温度是否在合理的范围之内，根据冷却水回水温度，调节冷却塔风机的运行台数，自动启、停冷却塔风机。

（5）监测冷冻水一级循环泵、冷冻水二级循环泵、冷却水循环泵及冷却塔风机的运行和故障状态。

（6）补水泵的运行和故障状态。补水泵的启、停控制可根据冷冻水供水压力的范围来决定启、停控制。当供水压力超过警戒压力时，关闭补水泵；当供水压力过小时，启动补水泵。

（7）监测补水箱的高液位、低液位和溢流液位，在水箱液位高于高液位和低于低液位时，启动报警。

（8）监测膨胀水箱的高液位、低液位；在水箱液位高于高液位和低于低液位时，关闭或启动补水泵。

（9）设备之间的联锁保护。对各设备运行时间进行积累、实现同组设备的均衡运行，当某台设备出现故障时，备用设备自动投入运行，同时提醒检修；水泵起动后，水流开关检测水流状态，发生断水故障，自动停机。设置时间延时和冷量控制上下限范围，防止机组频繁启动。

（10）群控功能。

1）一级泵系统。根据冷冻水供、回水温度与流量，计算出空调系统的实际负荷，将计算结果与实际制冷量比较，当实际制冷量与空调系统的实际负荷之差大于（或小于）一台冷水机组的供冷量时，则发出停止（或启动）一台冷水机组的运行的提示（或自动控制）。一级泵、冷却水泵和冷却塔与冷水机组一一对应，随冷水机组的启动和关闭而启动和关闭。

2）二级泵系统。初级泵的控制同一级泵系统，根据用户的负荷情况来调整二级泵的启动台数以达到调整负荷的目的。

第8章 空调系统的自动控制

空调系统的首要任务就是以最简洁的设计和最低的运行成本为建筑使用者创造一个舒适、节能、高效、卫生、温馨和安全的室内环境。

8.1 空调自动控制系统概述

中央空调系统主要由冷热源系统和空气调节系统组成。空气调节系统简称空调系统,包括空气处理设备和空调风系统。中央空调空气调节系统工作示意图如图8-1所示。空气处理设备将室外空气处理到一定的状态后,空调风系统将来自空气处理设备的空气通过送风管系统送入空调房间内,同时从房间内抽回一定量的空气(即回风),经过回风风管系统再送至空气处理设备前,其中少量的空气被排至室外,而大部分被重复利用。空调系统的空气处理设备有新风机组、风机盘管、定风量空调机组和变风量空调机组,它们均是中央空调的末端设备,主要功能是为空调区域提供恒温、恒湿的空气或新鲜空气。

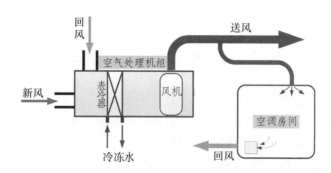

图8-1 中央空调空气调节系统

空气调节系统要保证控制区域内的温度、湿度、新风量和压力等参数符合要求,并保证系统节能运行和设备的安全。空气调节系统的自动控制任务可以概括为以下三个方面:

(1)通过控制室内的温湿度、空气流速及洁净度,为人们创造良好、舒适的生活与工作环境,提高人们的生活质量和工作效率,或保证工艺产品的质量。

(2)对空气调节系统和水系统进行输送控制和运行时间控制,以降低空调系统能耗,节约能源。

(3)保证整个空调系统中各设备的安全、可靠运行,及时发现故障并报警以及时处理。

空调自动控制系统的对象多属于热工对象,是一种典型的热工过程系统,与其他控制系统相比,空调自动控制系统具有以下特点:

(1)干扰因素众多。这些干扰可概括为室内干扰、室外干扰、冷热源干扰以及湿干扰。其中室内干扰如室内人员数量,照明电器数量,工艺设备的启、停;室外干扰如外界环境温度、太阳辐射、通过房间的门窗侵入的室外空气等。总之,气候、地区、空调环境、建筑物功能(热容)特性、管网系统的复杂程度都会对室内温度造成不同程度的影响。

(2)多工况性。空调系统对空气的处理过程具有很强的季节性,系统运行工况一年中至少分为冬季、过渡季和夏季。中央空调自动控制系统必须考虑与其相配合的工况能够进行自动转换控制。

(3)温、湿度耦合,温度和湿度这两个反映空气状态的主要参数,不是完全独立的两个变量。控制物理参数如冷冻水供回水温度、循环水流量、水泵频率、供回水压力和电动调节阀的阀位控制等都比较复杂。

(4)中央空调系统是由不同环节紧密联系和不同设备组成的一个整体,在运行控制过程中必须整体调控,不可只考虑某个环节或单台设备的控制,要将热源系统、冷源系统、空气处理机组及风机进行整体控制。

(5)在某一个区域中,建筑群较多,根据暖通专业的分区情况,可能会有很多空调机房站点,这就要求控制系统有就地控制器与远程中央控制室的区分,系统较为复杂。

空调自动控制系统按控制结构划分,有单回路控制系统和多回路控制系统。其中送风温度、回风温度在控制要求不高的场合下,可采用单回路控制系统。串级控制、前馈控制和分程控制是空气调节系统中常采用的多回路控制,其中串级控制用得最多。串级控制比单回路控制只多一个传感器,投资不大,控制效果却可得到明显改善。多回路控制方案在空气调节系统中的应用,不仅能满足中央空调系统的控制要求,而且在建筑节能方面也体现出了一定的优势。

8.2 新风机组的自动控制

新风机组是向空调区域提供新鲜空气的空气处理设备,其工作原理就是将抽取的室外新鲜空气进行除尘过滤、除湿(或加湿)、降温(或升温)等处理后由送风机送到空调区域内替换原有的空气,为空调区域提供温湿度适宜的新鲜空气。

新风机组由新风口、新风阀、过滤器、表冷器、加湿器、送风机和送风口等组成。过滤器的作用就是要有效地阻止室外空气中的尘埃等杂质,如空气中的灰尘粒子、纤维等杂质,达到净化室内的目的,并确保主机的热交换部件不被污物附着而影响设备性能。表冷器的作用是对新风进行冷却、减湿,控制送风温、湿度。新风加湿可使用电极加湿、蒸汽加湿等,以保证对送风的相对湿度要求。风机的作用是将经过过滤、净化和热交换处理的室外新鲜空气强制性送入室内,同时把经过过滤、净化和热交换处理后的室内有害气体强制性排出室外。

新风机组系统中通常需要对送风温度、送风湿度以及新风量进行控制,以保证送入空调区域的新风满足要求。下面以新风机组模拟仪表自动控制系统为例,说明新风机组所采取的自动控制内容。新风机组模拟仪表自动控制原理图如图 8-2 所示。

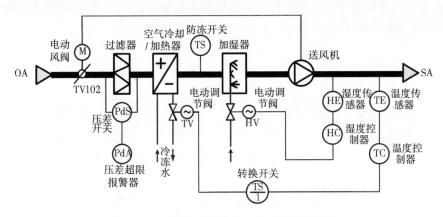

图 8-2 新风机组模拟仪表自动控制原理图

8.2.1 送风温度控制

如果新风机组主要是以满足室内新风要求而不承担空调区域的热湿负荷调节时,那么在新风机组工作时段内,控制要求通常是保持送风参数恒定不变。对送风温度的控制通常采取单回路控制方案。

在如图 8-2 所示的新风机组模拟仪表自动控制原理图中,送风温度单回路反馈控制系统由送风温度控制器 TC、送风温度传感器 TE、表冷器处的电动调节阀 TV、空气冷却器/空气加热器等组成。送风温度传感器 TE 将检测到的送风温度实际值传送到控制器 TC 中,控制器 TC 根据实际值与给定值之间的偏差,调节表冷器上回水阀 TV 的开度,改变冷冻水流量,从而实现对送风温度的调节。送风温度单回路反馈控制原理方框图如图 8-3 所示

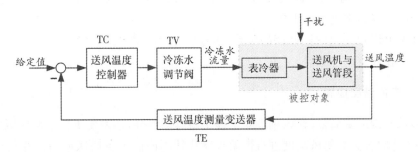

图 8-3 送风温度单回路反馈控制原理方框图

为了管理方便,送风温度传感器一般安装在新风机组所在机房内的送风管上。送风温度控制器通常采用 PI 控制规律。温度转换开关 TS-1 按照冬/夏季工况控制电动调节阀 TV 的动作,夏季控制冷冻水流量,冬季控制热水或蒸汽流量。

8.2.2 送风湿度控制

在图 8-2 中,送风湿度单回路控制系统由送风湿度控制器 HC、送风湿度传感器 HE、加湿器处的电动调节阀 HV、加湿器等组成。送风湿度传感器 HE 将检测到的送风湿度实际值传送到控制器 HC 中,控制器 HC 根据实际值与给定值之间的偏差,调节加湿器上两通阀 HV

的开度,改变蒸汽流量维持送风湿度恒定。送风湿度控制通常采用 PI 控制规律。送风湿度单回路控制原理方框图如图 8-4 所示。

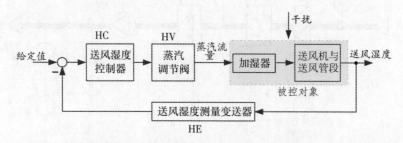

图 8-4　送风湿度单回路控制原理方框图

8.2.3　新风机组联锁保护控制

新风机组中的送风机、电动调节阀、蒸汽调节阀(包括加湿器)、新风阀等应当进行电气联锁。当机组停止运行时,新风阀应当处于全关位置。

新风机组的启动顺序控制:新风机启动→新风阀开启→冷冻水电动阀开启→加湿电动阀开启。

新风机组的停机顺序控制:新风机停机→加湿电动阀关闭→冷冻水电动阀关闭→新风阀关闭。

新风阀通过电动风阀执行机构 TV102 与风机联锁,在风机启动后,新风阀自动打开;当风机停止时,新风阀自动关闭。

在冬季,为防止机组内温度过低,冻裂空气-水换热器,当换热器后风温等于、低于某一设定值时,防冻开关 TS 动作,使风机停转,新风阀自动关闭,当防冻开关恢复正常时,可重新启动风机,打开新风阀,恢复机组工作。

压差开关 PdS 测量过滤网两侧的压差,通过压差超限报警器 PdA 发出声、光报警信号,通知管理人员更换或清洗过滤器。

8.2.4　室内温度控制

对大多数空调区域而言,新风机组除了提供新鲜空气外,还需要承担空调区域内一定的热湿负荷调节,这时若只对送风温度进行恒温控制往往不能满足空调区域内冷热负荷的变化要求,因此还需要对空调区域的温度进行控制。例如在过渡季节,当室外气候变化而使得室内达到热平衡时,如果只是继续控制送风温度,必然会造成房间的过冷或过热,因此在这种情况下还需要采用室内温度控制。

就新风机组全年运行而言,并考虑过渡季节的运行,新风机组应采用送风温度与室内温度联合控制方式。

8.2.5　CO_2 浓度控制新风量

除承担室内负荷的直流式机组外,通常新风机组的最大新风量是按照当房间人数满员时的卫生要求而设计的。在实际使用过程中,当房间人员数量不多时,可以减少新风量以降低风机能耗,节省能源。

CO₂浓度控制法特别适合于人员密度比较大的场所,如在某些采用新风机组加风机盘管系统的办公建筑物中间隙使用的小型会议室等。为了保证室内基本的空气品质,使每个人都有一定的新风量,可采用测量室内 CO_2 浓度的方法来控制空调房间的送入的新风量。

根据室内 CO_2 浓度来控制新风量,其控制原理方框图如图 8-5 所示。回风管中的 CO_2 浓度经 CO_2 传感器测量并转换为标准电信号后,送入调节器来控制新风阀的开度,以保持足够的新风。当 CO_2 浓度高于设定值时,说明室内新风量不足,需要增大新风阀开度来增加新风量。

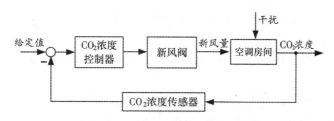

图 8-5　CO_2 浓度控制原理方框图

利用室内 CO_2 浓度控制法忽略了除 CO_2 以外的室内污染物的影响,因此 CO_2 浓度不能作为确定新风量的唯一依据,这是 CO_2 浓度控制新风量这种方案存在的问题。

8.2.5　新风机组 DDC 监控系统

新风机组 DDC 监控系统原理图如图 8-6 所示。新风机组 DDC 监控系统具有的监测与控制功能如下所述。

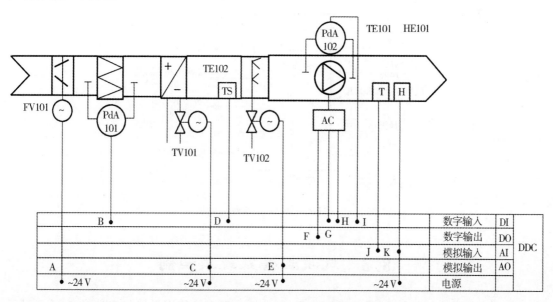

图 8-6　新风机组 DDC 监控系统原理图

新风机组 DDC 监控系统具有的监测功能如下:

(1)风机的状态显示、故障报警。

(2)测量风机出口空气温湿度参数,以了解机组是否将新风处理到要求的状态。

(3)测量新风过滤器两侧压差,以了解过滤器是否需要更换。

(4)检查新风阀状况,以确定其是否打开。

新风机组 DDC 监控系统具有的控制功能主要如下:

(1)根据要求启/停风机,实现远程控制。

(2)自动控制冷水电动调节阀,以使风机出口空气温度即送风温度达到设定值。自动控制蒸汽加湿器调节阀,使冬季风机出口空气相对湿度即送风湿度达到设定值。

(3)利用 AO 信号控制新风电动风阀,也可以用 DO 信号控制新风电动风阀。

新风机组 DDC 监控系统具有的联锁及保护功能主要如下:

(1)防冻保护控制。

(2)联锁保护。风机停机,风阀、电动调节阀同时关闭;风机启动,电动风阀、电动调节阀同时打开。

新风机组 DDC 监控系统还具有以下集中管理功能:

(1)显示新风机组启/停状况,送风温、湿度,风阀、水阀状态。

(2)通过中央控制管理机启/停新风机组,修改送风参数的设定值。

(3)当过滤器两侧的压差过大、冬季热水中断、风机电动机过载或其他原因停机时,可以通过中央控制管理机管理并报警。

(4)自动/远程控制。风机的启/停及各个阀门的调节均可由现场控制器与中央控制管理机操作,也可以无线控制。

若只从计算机控制角度看,新风机组 DDC 系统控制原理如图 8-7 所示。

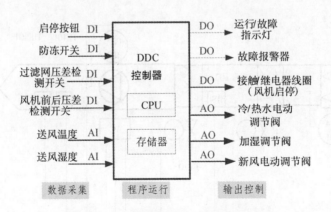

图 8-7 新风机组 DDC 系统控制原理图

8.3 风机盘管系统及控制

风机盘管是常用的供冷、供热末端装置,是中央空调系统使用最广的末端设备,全称为中央空调风机盘管机组。风机盘管由小型风机、电动机、换热盘管(空气换热器)和机壳等组成,盘管内流过冷冻水或热水时与管外空气换热,电动机采用电容式 4 极单相电动机,三挡转速。

卧式安装的风机盘管内部结构如图8-8所示。

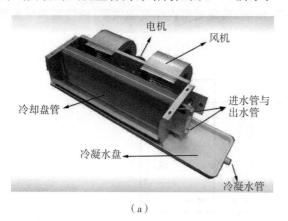

（a）　　　　　　　　　　　　　　　　　（b）

图8-8　卧式安装的风机盘管

(a)卧式安装的风机盘管内部结构图；(b)卧式安装的风机盘管实物图

风机盘管系统是空气-水空调系统的一种形式，通常与新风系统联合使用构成所谓的风机盘管加新风系统，是目前应用广泛的一种空调方式。系统的特点是房间的冷热负荷及湿负荷由风机盘管与新风系统共同组成。风机盘管系统的运行调节分为两大部分，即房间内的风机盘管机组的调节和新风系统的调节。风机盘管系统的冷热量可通过盘管水量、气流旁通、风机转速或者三者的结合来控制。冷热量的控制可手动，也可采用自动模式。风机盘管的工作系统如图8-9所示，风机盘管机组不断地循环调节室内空气，通过盘管和周围环境的热交换实现空气的冷却或加热，以保持房间要求的温度和一定的相对湿度。盘管使用的冷水或热水，由集中冷源和热源供应，与此同时，由新风空调机房集中处理后的新风，通过专门的新风管道分别送入各个空调房间，以满足空调区域对新风的需求。

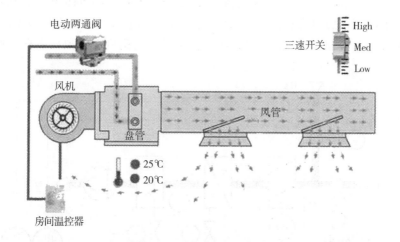

图8-9　风机盘管工作系统

风机盘管机组的调节分为风系统调节和水系统调节。风系统调节即风机转速控制，由使用者通过三速开关，实现对风机的高、中、低三速运转的手动控制。风机转速控制实质上是通过调节送出冷风或热风的风量来实现空调房间内温度的调节，属于就地式控制，这种控制也称为手动三速控制。水系统调节是根据室内温度设定值与实际检测值之间的偏差使用温控器自动控制电动两通阀的开闭,调节送入室内的冷/热量,实现对室内温度的调节,两管制风机盘管水量控制原理如图 8-10 所示。

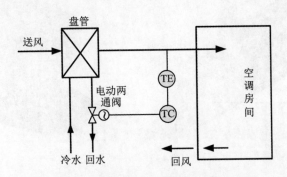

图 8-10　两管制风机盘管水量控制原理图

风机盘管温控器一般与三速开关组合在一起,并设有供冷/供热转换开关,可以同时对风量和水量进行调节,风机三速转换。智能型温控器可根据室内温度变化直接控制风机三挡风速或风机无极变速,实现冷热量的无极调节。风机盘管控制系统一般不进入集散控制系统,但有通信功能的产品,可与集散控制系统的中央站通信。

8.4　定风量空调机组系统的自动控制

空调机组主要承担空调区域的热湿负荷调节,对空调区域的空气起综合处理的作用,同时要保证一定的新风量,控制空气质量。空调机组中包含新风阀、过滤器、冷却器或加热器、加湿器和风机。空调机组既处理新风又使用回风,由于使用了回风,空调机组运行比新风机组的运行节能。当利用空气处理机组对空调区域温度进行调节时,主要有空调回风温度控制、空调回风湿度控制、新风量控制和混风温度自动控制。定风量空调机组模拟仪表自动控制原理图如图 8-11 所示。

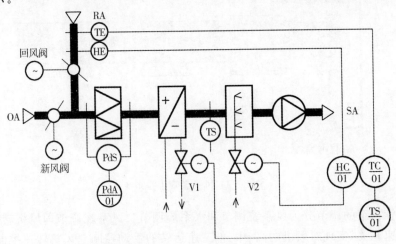

图 8-11　定风量空调机组模拟仪表自动控制原理图

8.4.1 回风温度控制

空调回风温度自动控制系统的任务是控制室内温度满足设计工况,它是一个单回路定值控制系统。在图 8-11 中,回风温度传感器 TE 传送实测的回风温度至温度控制器 TC01 中,温度控制器根据温度偏差调节回水阀 V1 开度,通过控制冷水(或热水)流量,使房间温度保持在一定值(夏天一般低于 28℃,冬季则一般高于 16℃)。回风温度控制一般采用 PID 控制规律。

1. 具有新风补偿的回风温度自动控制

在回风温度自动控制系统中,新风温度随天气变化,它是回风温度的一个主要的扰动量,并使得回风温度调节总是滞后于新风温度的变化。为了节能和舒适,避免因新风温度变化较大而对室内温度造成较大影响,回风温度自动控制系统通常会引入新风温度信号,使室温给定值能随室外温度规律变化,以提高对室内温度的控制精度,达到既能改善房间舒适状况,又能节约能源的目的。

具有新风补偿的空调回风温度自动控制系统本质是一个随动控制系统,其自动控制原理方框图如图 8-12 所示。

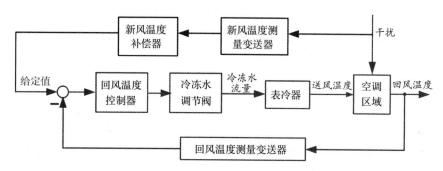

图 8-12 具有新风补偿的回风温度自动控制原理方框图

新风补偿特性实例如图 8-13 所示。当室外温度 T_w 为 10℃以下时,室温设定值随室外温度的降低适当提高,以补偿建筑物冷辐射对人体的影响;在夏季工况,室内温度 T_n 能自动地随着室外温度上升按一定比例上升,以消除由于室内外温差大所产生的冷热冲击,这样既节约了能源,又可提高了人的舒适感。当室外温度为 10～20℃时,控制器设定值浮动,系统既不加热也不冷却,室温处于浮动状态。

在冬季工况,室温给定值 θ_{1C} 从初始给定值(18℃)开始,随着室外温度从补偿起点 θ_{2C} (10℃)下降而上升,上升速率按 $K_w = -10\%$ 变化。例如,室外温度从 10℃下降到 0℃时,室温给定值增加 1℃,即此时室温给定值为 19℃。

在夏季工况,夏季补偿起点温度 θ_{2A} 为 20℃,随着室外温度增加,室温给定值按夏季补偿比 $K_s = 62.5\%$ 从 $\theta_{1C} = 18℃$ 而上升,直到最高补偿极限为止。例如,当室外温度从 20℃上升到 36℃时,室温给定值上升到 $\theta_{1max} = 28℃$(补偿极限)。

在过渡季节,室温给定值恒定,尽管给定值不变,但由于此时既不加热也不制冷,而是最大限度地利用新风,使新风阀门全开,室温随室外温度波动,可满足一般舒适性要求。

在冬季工况,应按卫生标准保证最小新风量。

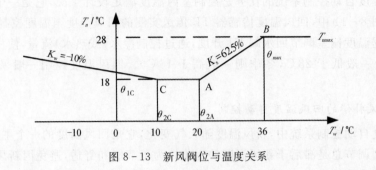

图 8-13　新风阀位与温度关系

2. 回风温度串级控制

在定风量空气调节系统中,室内温度的调节主要是通过送风温度影响,而送风回路存在着较多干扰,例如冷热水温度、压力的变化、新风温度的变化等,由于送风温度的变化能够迅速反映这些干扰的影响,因此要提高空调室内温度控制质量,在回风温度单回路控制系统中,可将送风温度作为副变量,构成回风温度-送风温度串级控制系统,通过副回路及时消除送风干扰维持送风温度恒定,提高室温控制质量。另外,由于冷、热水盘管有一定量的滞后,对控制不利,采用串级控制可以减少滞后时间,改善条件品质。回风温度串级自动控制原理方框图如图8-14所示。

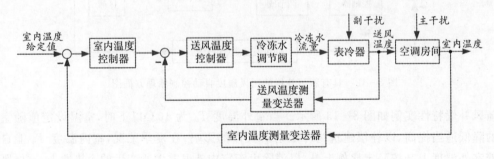

图 8-14　回风温度串级自动控制原理方框图

8.4.2　回风湿度控制

空调机组的回风湿度自动控制与回风温度自动控制原理基本相同。在图 8-12 中,回风湿度自动控制是一个单回路定值控制系统,回风湿度经湿度传感器 HE 传送至湿度控制器 HC01 中,湿度控制器根据湿度偏差调节加湿阀 V2 开度,通过控制加湿量,使房间湿度保持在一定值。回风湿度控制系统是按 PI 规律调节加湿阀,以保持房间的相对湿度在夏季为 60%,冬季为 40%。我国南方地区的湿度较大,若想节省资金,可删去空调机组回风湿度调节。单回路定值回风湿度自动控制系统原理方框图如图 8-15 所示。

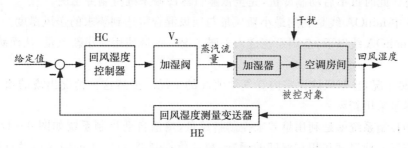

图 8-15　回风湿度自动控制系统原理方框图

8.4.3　焓值控制新风量

新风负荷一般占空调负荷的 30%～50%，充分、合理地利用新风能量并回收回风能量，是有效的节能方法。焓值控制系统是根据新风、回风焓值的比较来控制新风量与回风量的，可最大限度地减少人工冷量与热量，达到节能目的。

新风负荷 Q_w 可以用下式计算：

$$Q_{\mathrm{w}} = (h_{\mathrm{w}} - h_{\mathrm{r}})q_{\mathrm{V}} = \Delta h q_{\mathrm{V}} \qquad (8-1)$$

式中，h_{w} 为新风焓值，kJ/kg；h_{r} 为回风焓值，kJ/kg；q_{V} 为新风量，kg/h。

为利用焓差控制新风量的示意图如图 8-16 所示，对新风的利用可以分为五区。

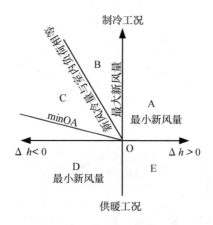

图 8-16　利用焓差控制风量

A 区：制冷工况，且 $\Delta h > 0$（新风焓＞回风焓），故应采取最小新风量，减少制冷机负荷。可根据室内空气 CO_2 浓度（室内空气）控制最低新风量或给定最小新风量，以保证卫生条件的要求。

B 区：制冷工况，且 $\Delta h < 0$（新风焓＜回风焓），应采取最大新风量，充分利用自然冷源，以减轻制冷机负荷。

B 区与 C 区的交界线：在此线上新风带入的冷量恰与室内负荷相等，制冷机负荷为零，停止运行。

C 区：制冷工况，因室外新风焓进一步降低，可利用一部分回风与新风相混合，即可达到要求的送风状态。此时可不启动制冷机,完全依靠自然冷源来维持制冷工况。

图 8-16 中 minOA 线是利用最小新风量与回风混合可达到要求的送风温度。

D 区:即 minOA 线以下,空调系统进入采暖工况。该区使用最小新风量,从而减少热源负荷。

E 区:采暖工况,且新风焓比室内空气焓值高的工况。虽然这种情况出现的概率小,但如遇此情况应尽量采用新风。

焓值自动控制系统就是利用焓差来控制新风量,焓值自动控制系统如图 8-17 所示。因空气焓值是空气干球温度和相对湿度的函数,故焓值控制器 TC-3 的输入信号有新风、回风的干球温度和相对湿度信号,它们分别由新风温度传感器 TE101、新风湿度变送器 HE101、回风温度传感器 TE102 及回风湿度变送器 HE102 测得。焓值控制器 TC-3 根据新、回风温、湿度计算焓值,并比较新、回风焓值,输出控制信号,使新风、回风、排风三个电动风阀门按比例开启。

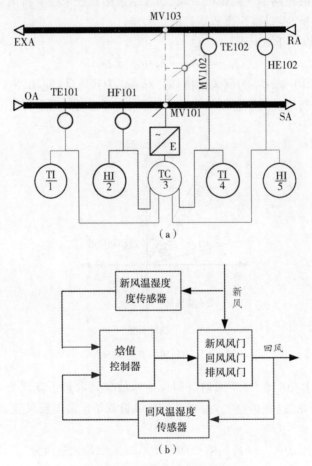

图 8-17　焓值自动控制系统

(a)焓值自动控制系统原理图;(b)焓值自动控制原理方框图

焓值控制器实质上是焓比较器,它与阀门定位器配合,即可用一个控制器控制三个风门,实现分程控制。焓值控制器输出与新风阀位的关系如图 8-18 所示。当工况在 B 区,新风阀已是最大开度时,若室温如果仍高于给定值,系统就会处于失调状态,为此应设置室内温度控制系统,控制冷盘管冷水阀门开度,随着冷负荷的减少,冷水阀门逐渐关小;当冷水阀门全关时,进入 C 区工况,按比例调节新风、回风比例维持室内温度。焓值控制系统温、湿度传感器可直接采用焓值传感器,热水阀与冷水阀开度由室内温度控制器控制。

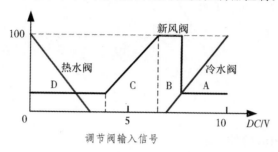

图 8-18　焓值控制器输出与阀位的关系

8.4.4　新风阀、回风阀及排风阀比例控制

为了能够合理地利用新风冷源,达到空调系统经济运行目的,可根据混风温度、新风温度信号,调节新风阀、回风阀及新风阀的阀门开度比例,使系统在最佳的新风/回风比状态下运行。

按照混风温度和新风温度控制风门开度比例的自动控制系统如图 8-19 所示。温度控制器 TC 根据混风温度传感器 TE-1 和室外温度传感器 TE-2 传送过来的温度信号,控制带有阀门定位器的电动风门。在冬季,控制器 TC 根据传感器 TE-1 测得的混风温度信号控制执行器。随着混风温度的升高,在比例范围 X_{p1} 内,按比例自动地开大新风阀、关小回风阀、开大排风阀,当混风温度达到给定值 X_{s1} 时,新风全开。在夏季,当混风温度达到或超过给定值 X_{s2} (例如 16℃)时,控制器根据新风温度信号,在比例范围 X_{p2} 内,随着室外新风温度的升高,自动地按比例关小新风阀门。只要合理地整定 X_{p1}、X_{p2}、X_{s1} 和 X_{s2},就可以合理地利用新风冷源,达到节能的目的。新风阀位与温度关系如图 8-20 所示。

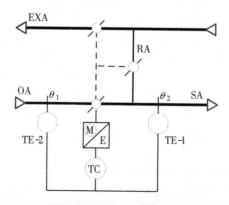

图 8-19　新风阀、回风阀及排风阀比例自动控制系统

排风阀的开度控制从理论上讲,应该和新风阀开度相对应,在正常运行时,排风量应等于新风量,因此,排风电动阀开度也就确定下来了。在本例中最小新风量占送风量的 20%,在冬季工况,控制器的比例范围 δ_1 为 6℃,在夏季工况,控制器的比例范围 δ_2 为 2℃。

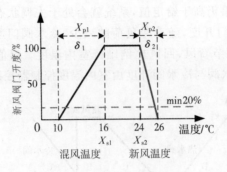

图 8-20　阀位与温度关系

8.4.5　空调机组 DDC 监控系统

如图 8-21 所示为两管制定风量空调系统 DDC 监控原理图,系统除前文所述的控制功能外,还具有监控以下信号的功能:

(1)空调机新风温、湿度。

(2)空调机回风温、湿度。分别在 DDC 系统和中央站上显示。

(3)送风机出口温、湿度。分别在 DDC 系统和中央站上显示,当超温、超湿时报警。

(4)过滤器压差超限报警。采用压差开关测量过滤器两端压差,当压差超限时,压差开关闭合报警,提醒维护人员清洗过滤器。

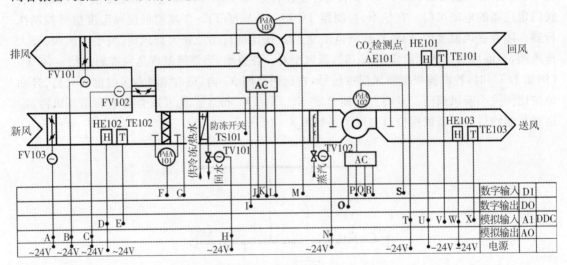

图 8-21　定风量空调系统的 DDC 监控图

(5)防冻保护控制。采用防冻开关监测表冷器后(按送风方向)风温,当温度低于 5℃时报警,提醒维护人员(或联锁)采取防冻措施。如果风道内安装了风速开关,还可以根据它来预防冻裂危险。当风机电动机由于某种故障停止,而风机启动的反馈信号仍指示风机开通,或风速开关指示风速度过低时,也应关闭新风阀,防止外界冷空气进入。

(6)送风机、回风机状态显示、故障报警。采用压差开关监测送风机的工作状态,风机启动,风道内产生风压,送风机的送、回风管压差增大,压差开关闭合,空调机组开始执行顺序启动程序。此外,还有手动/自动和风机电动机故障显示。

(7)回水电动调节阀、蒸汽加湿阀开度显示。

(8)联锁控制。

1)空调机组启动顺序控制。送风机启动→新风阀开启→回风机启动→排风阀开启→回水调节阀开启→加湿阀开启。

2)空调机组停机顺序控制。送风机停机→关加湿阀→关回水阀→停回风机→新风阀、排风阀全关→回风阀全开。

3)火灾停机。当发生火灾时,由建筑物自动控制系统发出停机指令,统一停机。

第 9 章　变风量空调系统的自动控制

变风量空调系统(Variable Air Volume, VAV)是在保持送风温度不变的情况下,通过改变送入房间的风量来实现对室内温度进行调节的全空气空调系统。在全年大部分时间里,由于空调系统是在部分负荷下运行的,变风量空调系统可以根据空调负荷的变化及室内参数的变化要求,通过改变送风量来调节室内温度以满足要求。在自动控制系统的合理控制下,变风量空调系统的空调和制冷设备都只按实际负荷需要运行,因此可大幅度减少送风机的动力能耗和运行费用。和定风量空调系统相比,变风量空调系统的全年输送能耗一般可节约 1/3,节能效果显著。另外,变风量空调系统通过控制风量来保证空调区域温、湿度要求,具有单个区域控制能力、局部区域运行灵活等优点。

9.1　变风量空调自动控制系统

变风量空调自动控制系统由空气处理系统、自动控制设备及 DDC 控制器三部分组成。空气处理系统包括空气处理机、风管系统(新风/排风/送风/回风管道)、变风量末端装置(变风量空调箱)。自动控制设备包括各种传感器、执行器、变风量控制器和房间温控器等。变风量末端装置即 VAV BOX,每个房间内都装有一个 VAV BOX 及附带的送风口。变风量末端装置实际上是一个可以进行自动控制的风阀,它根据室内负荷调节送入室内的风量,从而实现对各个房间温度的单独控制。

VAV 空调系统典型结构及工作原理示意图如图 9-1 所示。空调室内回风与室外新风混合,经集中式空调机组处理后,由风管送到各个空调区域。末端控制器根据室内负荷的大小,通过改变变风量末端装置风阀的开度,调节送入室内的风量。空调房间送风量的改变,会导致送风总管静压的变化,总管压力传感器测量风管系统静压后,由自控系统通过调节风机的送风量实现定静压控制。冷冻水回水调节阀调节冷水流量使送风温度保持恒定,新风量和室内正压由送风机和回风机同时控制。系统的各个测量点可以与计算机通信,进行实时监测、分析和调控并可以优化控制参数,实现最佳的控制方案。

9.2　变风量末端装置

变风量末端装置有多种不同的分类。按照空调房间的送风方式,可分为单风道、双风道型和风机动力型等。按照是否有再加热装置,可分为无再热型、热水再热型和电热再热型等。按照变风量末端控制原理,可分为压力有关型和压力无关型。虽然变风量末端装置有多种不同类型或形式,但实际工程中使用较多的是单风道型和风机动力型末端装置。

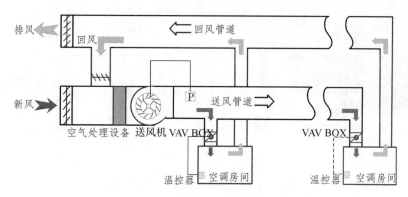

图 9-1　VAV 空调系统典型结构及工作原理示意图

变风量末端装置按照结构(送风方式)、有无风机、末端加热形式分类如图 9-2 所示。

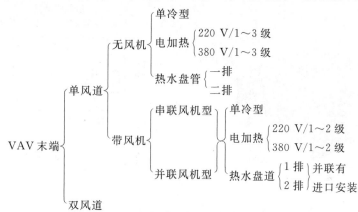

图 9-2　变风量末端装置的分类

9.2.1　单风道变风量末端装置

1. 单风道 VAV BOX 的结构

单风道 VAV BOX 是最基本的变风量末端装置,其一次风口与送风口之间形成的风道是末端装置中的唯一风道,没有其他的分支通道。单风道 VAV BOX 通过改变空气流通截面积达到调节送风量的目的,是一种节流型变风量末端装置。其他类型的变风量末端装置如风机动力型等都是在节流型的基础上变化发展起来的。

单风道 VAV BOX 主要由箱体、控制器、传感器和电动风阀等组成。长轴即风阀驱动器的驱动轴,通常和控制器固定连接在一起。单风道基本型 VAV 末端装置内没有其他再热装置,其外观与结构如图 9-3 所示。单风道再热型 VAV 末端装置中配有再热环节,再热环节可以是热水盘管或电加热器,其外观与结构如图 9-4 所示。单风道基本型末端装置主要应用于常年需要制冷的场合,如建筑物的内区。单风道再热型末端装置典型应用于建筑物的外区,或要求制冷与制热工况发生切换的环节。

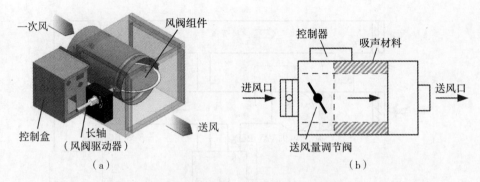

图 9-3　单风道基本型 VAV 末端装置

(a)单风道基本型 VAV 末端外观;(b)单风道基本型 VAV 末端结构简图

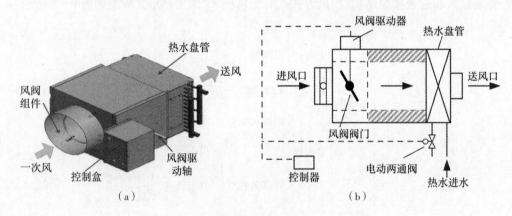

图 9-4　单风道热水盘管再热型 VAV 末端

(a)单风道热水盘管再热型 VAV 末端外观;(b)单风道热水盘管再热型 VAV 末端结构简图

2. 单风道 VAV BOX 的控制特性

变风量末端装置调节风阀的运行范围受空调设计确定的最大风量和最小风量的限制。每一种单风道型变风量末端装置都有其最大和最小风量,即特定的风量设定范围,在系统调试时需将这两个参数编写到执行器的控制器中。风量设定范围是其控制特性之一。

单风道 VAV BOX 能够使各个区域同时加热或冷却,但是无法实现在同一时间对一个房间供暖,对另一个房间供冷。单风道基本型变风量末端装置在冬季送热风、在夏季送冷风,其工作特性如图 9-5 所示。

在夏季,当室内温度低于设定温度时即需求风量小于实测风量时,温度控制器按预定控制规律自动关小调节风门开度,使风量减小;当两者偏差大于一定值时,VAV BOX 所供冷量已经超过室内冷负荷,此时风阀开度关至最小,送风末端以最小送风量送风,以保证室内人员对环境的要求。当室内温度高于设定温度时(小于等于最大风量),即需求风量大于实测风量,温度控制器按预定的控制规律自动增大调节风门开度,使风量增大,用更多的冷量来抵消冷负荷;当两者偏差大于一定值时,VAV BOX 所供冷量以无法抵消室内冷负荷,此时风阀开度开至最大,送风末端以最大送风量送风,以尽量满足人们对室内温湿度的要求。如果风阀已经达到最小开度,但空调区域温度持续降低到供暖设定的点,系统将启动制热模式。

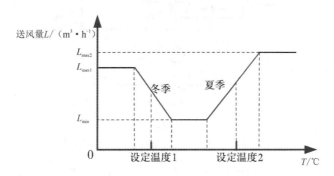

图 9 - 5　单风道基本型 VAV BOX 工作特性

在冬季,当室内温度低于设定温度时(小于等于最大风量),即需求风量大于实测风量,温度控制器按预定的控制规律自动增大调节风门开度,使风量增大,用更多的热量来抵消热负荷;当两者偏差大于一定值时,VAV BOX 所供热量已无法抵消室内负荷,此时风阀开度开至最大,尽量满足人们对室内温湿度的要求。当室内温度高于设定温度时(不小于最小风量),即需求风量小于实测风量,温度控制器按预定控制规律自动关小调节风门开度,使风量减小;当两者偏差大于一定值时,VAV BOX 所供热量已经超过室内热负荷,此时风阀开度关至最小,送风末端以最小送风量送风,以保证室内人员对环境的要求。如果风阀已经达到最小开度,但空调区域温度持续升高到制冷设定的点,系统将启动制冷模式。

当空调房间冷、热设计负荷在数值上相差不大时,通常来说送热风所要求的最大风量小于送冷风最大需要风量,因此夏季最大风量(L_{max2})与冬季最大风量(L_{max1})有一个差值,在冬夏季节转换时,单风道基本型末端应对最大风量进行调整。

9.2.2　变风量末端装置的控制

变风量末端装置是根据室内温度与设定温度之间的差值控制风阀开度以调节送入房间的风量。当空调房间的送风量变化时,系统管道风压也会同时发生变化,因此末端风量的大小会受到风阀开度和系统静压双重影响。按照变风量末端风量的调节是否与管道系统静压相关,可以将 VAV BOX 分为压力有关型和压力无关型两种。

(1)压力有关型 VAV BOX。以单风道基本型 VAV 末端为例,压力有关型变风量末端的控制设备包括温度传感器、控制器和风阀驱动器,它是一个单回路反馈控制系统,其自动控制原理如图 9 - 6 所示。当室内温度发生变化时,室内温度会偏离设定温度值,温度控制器根据温度偏差调节风阀开度,改变送入室内的风量。在阀门开度一定的情况下,若末端入口压力发生变化,通过末端的风量也会发生变化。这种末端风量的变化不仅与风阀开度有关,而且与进风口处的静压有关,即为压力有关型。

压力有关型变风量末端装置要等到风量变化改变了室内温度才动作,因此控制滞后,室温的调节过程长,温度波动范围大,调节品质差。

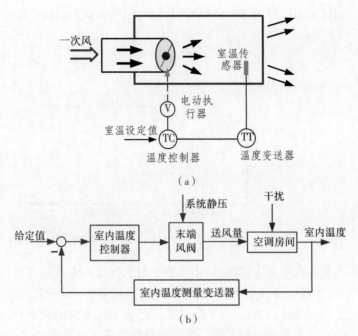

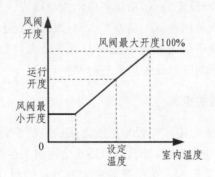

图 9-6 单风道压力有关型末端装置自动控制系统

(a)自动控制系统原理图;(b)自动控制原理方框图

单风道压力有关型 VAV BOX 夏季的风阀开度与房间温度曲线如图 9-7 所示。

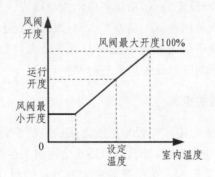

图 9-7 风阀开度与室内温度曲线图

(2)压力无关型 VAV BOX。以单风道基本型 VAV 末端为例,压力无关型变风量末端的控制设备包括温度传感器、风量传感器、控制器和风阀驱动器。与压力有关型 VAV BOX 相比,它多了一个风量传感器,风量传感器设置在末端装置进风口处,用来测量送风量。压力无关型变风量末端采用的是串级控制,其自动控制原理如图 9-8 所示。当室内温度发生变化时,控制系统首先会根据温差计算所需风量,然后将所测实际风量与计算风量进行比较,控制器是根据风量偏差控制风阀开度,改变送入室内的风量,使送入房间的冷(热)量与室内负荷相匹配。压力无关型 VAV BOX 在阀门开度一定的情况下,不管进口处静压是否改变,都将保持恒定的送风量,增加了风量控制的稳定性,并允许最小和最大风量的设定。

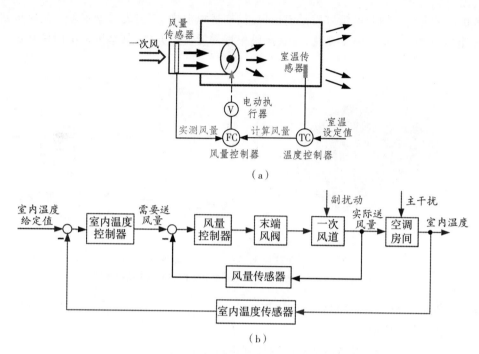

图 9-8　单风道压力无关型 VAV BOX 自动控制系统

(a)压力无关型控制原理图；(b)单风道压力无关型 VAV BOX 串级控制控制原理方框图

串级控制与单回路控制相比,在结构上增加了一个副控制回路,其特点是改善对象特性,抗干扰能力强,提高了系统的控制质量。由压力无关型 VAV BOX 串级控制原理方框图可以看出,当室内负荷没有变化时,因送风温度恒定,所以送风量也不发生变化;若此时系统送风压力由于其他区域送风量发生变化而升高,即有副扰动(静压),该房间的变风量末端装置的送风量会增大;但由于风量设定值没有发生变化,副控制器会将风阀关小,以维持原有的送风量,即送风量与送风压力无关。显然这一调节过程,压力无关型变风量末端减小了送风压力变化对室内温度的影响,可以较快地补偿这种压力变化,维持原有风量,实现了送风量与管道静压无关,提高了室内的空气品质。在该系统中作用在房间的干扰信号为主干扰。

基于串级控制结构压力无关型 VAV BOX 由于可以较快地补偿风管的静压变化,因此其控制精度更高,在维持原风量的基础上消除了压力有关型末端装置出现的"超调"或"欠调"现象,能较好地保持室内温湿度的稳定。

9.2.3　风机动力型变风量末端装置

风机动力型变风量末端装置(Fan Power Box, FPB)就是在单风道 VAV BOX 的结构基础上,增加了一个内置的离心式增压风机。按照增压风机与箱体中一次风调节阀的排列位置不同,分为串联式风机动力型和并联式风机动力型两种类型。

(1)串联式 FPB。串联风机动力型变风量末端装置,简称为串联式 FPB,沿着一次风和送风方向,其增压风机与箱体中的一次风调节阀的位置是串联关系。串联式 FPB 结构如图 9-9所示,经集中空气处理机的一次风从一次风口进入,通过一次风调节阀后,再顺序通过增压风机。

串联式风机动力型变风量末端是定送风量、变送风温度、压力无关型末端。其风机始终工作,输送恒定风量,但送风温度变化,一次风阀根据需要调整开度,其余风量由回风补足。

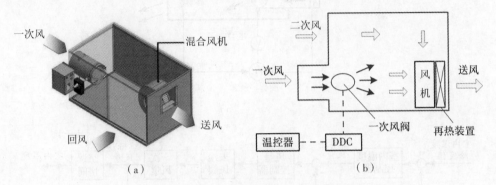

图 9 - 9 串联风机动力型 VAV 末端结构

(a)串联式 FPB 外观图;(b)有再热装置串联式 FPB 基本结构简图

串联风机动力型 VAV BOX 主要应用于会议室、实验室和大厅等要求恒定送风量的场合,通常选用末端再热型。

串联再热型压力无关型 VAV 末端的控制逻辑如下:

1)当控制系统为制冷模式时,风机一直保持开启状态,加热装置始终关闭。控制器根据室内温度设定值,调节一次风量在最小与最大风量范围内变化,通过吊顶吸入的二次风也相应增大或减小,但末端风机风量基本不变。

2)当控制系统为过冷模式时,风机持续工作,加热装置不工作。实际温度低于设定值,一次风保持最小风量,最大比例地引入吊顶中温度相对较高的二次风,利用回风余热,提高室内温度。

3)当控制系统为制热模式时,风机持续保持开启状态,由于室内温度更低,辅助加热设备启动,将末端混合风加热后送出,提高送风温度,保证室温逼近设定值。维持最小风阀开度,实现最小新风量。

(2) 并联式 FPB。并联风机动力型变风量末端装置,简称为并联式 FPB。并联风机 FPB 是压力无关型末端它由一次风风量调节阀、风阀执行器、控制器、风机和电机组成。并联式 FPB 结构如图9-10所示,内置的增压风机与箱体中的一次风调节阀的位置是并联关系,来自于集中空气处理机组的一次风只通过一次风阀而不通过增压风机,即风机与来自空气处理机的一次风呈并行形式,只有二次风经过末端风机。装置内的增压风机与一次风风阀独立工作,分别提供风量,风机风量小于送风量。

并联风机型 VAV BOX 主要应用于建筑物的外区,或负荷变化较大的区域,通常选用末端再热型。

并联再热型压力无关型 VAV 末端的控制逻辑如下:

(1)当控制系统为制冷模式时,并联风机不工作,再热装置在整个制冷模式中均关闭。控制器根据室内温度设定值调节一次风量和房间温度,即变风量、定温度送风,风阀在最小开度与最大开度之间调节,与单风道变风量的末端运行情况相同。

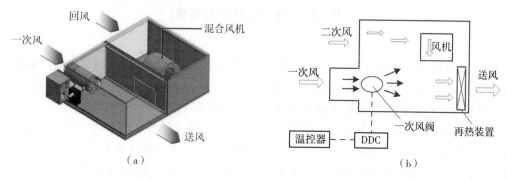

图 9-10 并联式风机动力型 VAV 末端结构图

(a)并联式 FPB 外观图;(b)有再热装置并联式 FPB 结构简图

(2)当控制系统为过冷模式时,室内温度低于风机启动设定值,一次风量减少至最小风量,风机启动,加热装置不工作。风机引入吊顶中温度相对较高的二次风,利用回风余热,提高室内温度。

(3)当控制系统为供热模式时,并联风机工作,由于室内温度更低,辅助加热设备启动。将二次风加热并与一次风混合后送出,或者将一次风与二次风混合风加热后送出以提高室内温度。在制热模式下,末端风阀维持最小开度并对应保持最小新风量,由控制器对再热装置进行相关控制。风阀和再热装置的调节既是顺序控制也是并行控制。制热模式下,一般是定风量、定温度送风。

综上所述,变风量末端装置的控制内容可分为三个方面,分别是一次风量的控制、再热装置的控制、末端内增压风机的控制。单风道变风量末端与风机动力型末端主要区别见表 9-1。

表 9-1 单风道与风机动力型末端的区别

项　　目		类型					
		单风道 单冷型	单风道 末端再热型	并联 风机	并联风机 末端再热型	串联 风机	串联风机 末端再热型
热源类型		无 (或外部热源)	热水盘管 或电加热	回风	回风+电加热 (或热水盘管)	回风	回风+电加热 (或热水盘管)
是否带风机		无风机		有风机 (风量小于设计风量)		有风机 (风量等于设计风量)	
风机工作状态		无		风机间歇运动		风机持续运行	
风量	制冷时	变风量(在最大一次风风量与最小一次风风量之间变)					
	过冷时	定风量 (最小一次风量)	定风量 (最小一次风量)	定风量 (最小一次风量+ 并联风机风量)		定风量 (串联风机风量 即最大一次风风量)	
	制热时		定风量 (最小加热风量)				

9.3 送风机的控制

变风量空调系统控制可以分为两个部分，即变风量末端装置的控制和变风量空调机组的控制。变风量空调机组的控制内容包括总送风量的控制、送风温湿度的控制、回风量的控制、新风/排风量的控制。下面主要讲述空调机组总风量的控制方法和回风机的控制。

在变风量空调系统中，末端风量调节后，空调各房间风量的变化势必会引起空调机组总风量的变化，控制送风机转速使之与变化的风量相适应，在满足系统风量要求的同时，保证系统的静压满足要求，是变风量空调系统十分重要的控制内容。变风量空调系统对总送风量的控制即送风机的控制策略主要有定静压控制法、变静压控制法和总风量法控制法。

9.3.1 定静压控制

定静压控制方法是使用最广泛的一种控制方案，它是在风道合适位置处选定一个测点，测量该处静压，风机调节的目的就是维持此点的静压不变。

定静压控制原理如图 9-11 所示。在保证系统风道内某一点(或几点平均)静压恒定的情况下，室内所需风量根据室内温度由变风量末端装置的风阀调节；压差控制器根据风管上某一点(或几点平均)静压测量值与该点静压设定值之间的偏差控制变频风机转速，调节系统总风量。在定静压控制方法中，还可根据送风温度控制器调节送风温度以提高室内环境舒适性，因此这种控制方法也可称为定静压变温度控制。

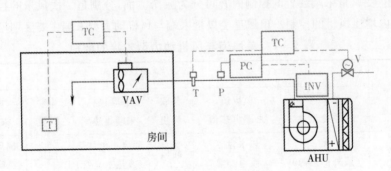

图 9-11　定静压控制原理图

TC—温度控制器；PC—静压控制器；INV—变频器；T—温度传感器；V—执行器

采用定静压控制方法存在的问题是静压测点位置的确定及静压控制器中静压值的设定。压力测点的位置即静压传感器的安装位置决定系统的能耗和稳定性。若测点较为靠近风机出口处，虽然控制可靠，但设定的静压值会比较高，会消耗许多不必要的能量，达不到节能的效果。若静压测点放在主风道上离风机出口较远的地方，虽然对风机节能有利，但有可能出现这部分区域的送风量不足。考虑到变风量系统的动态特性，为安全起见，经众多工程实践经验总结，一般将静压测点放在主风道离风机出口的 2/3 处，定静压控制方法中静压点的设置位置如图 9-12 所示。

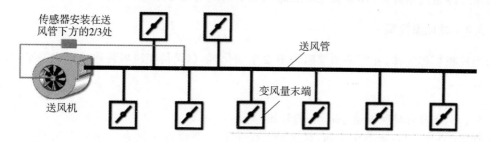

图 9-12　静压传感器设置在送风管下方 2/3 处

9.3.2　变静压控制

变静压控制的控制思想是实时改变静压设定值,尽量使 VAV 风阀处于全开(80%～90%)状态,把系统静压降至最低,从而最大限度地使风机转速降到最低,减少不必要的风机能耗,以达到节能目的。变静压控制原理如图 9-13 所示。控制系统实时采集每个末端的阀位信号与风量的计算值,通过各末端计算的风量之和确定系统需求风量以预测送风机转速,根据变风量末端阀位状况,在满足流量要求的同时,以阶段性地改变风管中压力测点的静压设定值,修正风机转速,尽量使静压保持运行的最低值,最大限度地节省风机能量。系统还可对空调机的送风温度进行适当调节,以提高室内环境舒适性要求,因此这种控制方法也可称为变静压变温度控制。

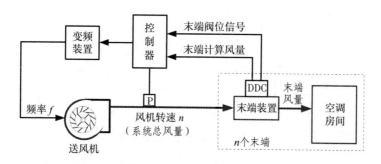

图 9-13　变静压控制原理图

变静压控制思想主要如下:

(1)若变风量末端风阀全部处于中间状态,系统静压过高,说明系统提供的实际风量大于每个末端装置需要的风量,此时应降低风机转速。

(2)若变风量末端风阀全部处于全开状态,且风量传感器检测的实际风量等于计算风量,系统静压合适,此时应保持风机转速。

(3)若变风量末端风阀全部处于全开状态,且风量传感器检测的实际风量低于计算风量,系统静压偏低,此时应提高风机转速。

在变静压控制方案中,如果静压设定算法比较理想,则静压测点的位置并不重要,因为静压设定算法完全可以补偿测点位置的影响。因此,一般可将测点放在离风机出口不远的地方,以提高压力测量的精确度,还可避免多支路风道中到处放置测点的缺陷。

9.3.3 总风量控制

根据风机相似定律,在空调系统阻力不发生变化时,总风量和风机转速成正比关系,即

$$\frac{q_{V1}}{q_{V2}} = \frac{n_1}{n_2} \tag{9-1}$$

式中,n_1、n_2 分别为对应风量 q_{V1}、q_{V2} 的转速。

根据式(9-1)的正比关系可知,在设计工况下有一个设计风量 $q_{设计}$ 和设计转速 $n_{设计}$,在运行工况中所要求的运行风量 $q_{运行}$ 自然对应着相应的风机运行转速 $n_{运行}$,虽然设计工况和实际工况下系统阻力有所变化,但可将其近似为正比的关系,即

$$\frac{q_{设计}}{q_{运行}} = \frac{n_{设计}}{n_{运行}}$$

考虑到各末端风量要求的不均衡性,可利用误差理论加以处理,求取风机运行转速:

$$n_{运行} = n_{设计} \frac{q_{运行}}{q_{设计}}$$

通过风机转速,进而获得系统运行时的总送风量。

总风量控制方法是基于压力无关型变风量末端的一种简单易行的变风量空调系统送风机的控制方法。总风量自动控制系统如图 9-14 所示,送风管上挂接的所有末端装置设定风量之和就是整个变风量空调系统的当前需求总风量值;系统根据计算得出的总风量值来控制风机变频调速实现总风量的调节。

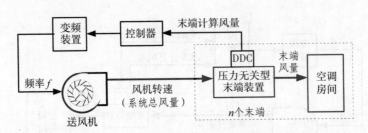

图 9-14 总风量自动控制系统

总风量控制是一种前馈控制,而静压控制属于反馈控制。总风量控制可以避免压力控制环节,避免使用压力测量装置,也不需要末端阀位信号,降低了控制系统的调试难度,提高了控制系统的稳定性和可靠性。其节能效果介于变静压控制和定静压控制之间,并接近于变静压控制,也可避免因大量风阀关小所引起的噪声。因此不管从控制系统稳定性,还是从节能角度上来说,总风量控制都具有一定的优势。

总风量控制法存在的缺点是控制比较粗糙,特别是当每个空调区的负荷和变风量末端的风阀开度相差较大,需要减少系统的总送风量时,部分或个别区域的送风量将不能满足负荷需求。另外,这种控制方式增加了末端之间的耦合程度,会造成风量的波动。

9.4　回风机的控制

为避免房间内压力不要出现大的变化,调节送风机转速时,也需要调节回风机转速,以使回风量与送风量相匹配,从而保证房间不会出现过大的负压或正压。

由于不能直接测量每个房间的室内压力,因此对回风机不能直接依据室内压力进行控制。系统运行中,送风机要维持送风道中的静压,其工作点会随转速变化而变化,因此送风量近似与转速成正比;回风道中如果没有随时调整的风阀,回风量基本上与回风机转速成正比。基于这两个因素,实际工程中为保证各房间内压力满足要求,就不能简单地使回风机与送风机同步改变转速,通常可采取下面两种方法控制回风机转速:

(1)同时测量总送风量和总回风量,调整回风机转速使总回风量略低于总送风量,即可维持各房间稍有正压。

(2)测量总回风道接近回风机入口静压处静压,此静压与总风量的二次方成正比;测量总送风量,由测出的总送风量计算出回风机入口静压设定值;调整回风机转速使回风机入口静压达到该设定值,则可保证各房间内的静压。

9.5　送风温度的调节

变风量空调系统中,每个房间的风量是根据实测温度调节的,房间内的温度度高低并不能说明送风温度偏高还是偏低。只有将房间温度、风量及风阀位置全测出来进行分析,才能确定送风温度需要调高或降低。当各个房间温度都能满足要求时,送风温度越低,则需要的风量越小,从而风机电耗越低。从这个角度分析,应该是在满足各房间温度控制要求的前提下,送风温度取允许的下限值。调节送风温度的基本控制策略如下:

(1)送风温度在一定范围内,可通过调整末端风量使房间温度达到设定值。

(2)当送风温度过低时,可能有的房间即使把风量调整到变风量箱的最小风量,室温仍然偏低,这时需要适当地调高送风温度。

(3)当送风温度过高时,可能有的房间即使把风量调整到变风量箱的最大风量,室温仍然偏高,这时需要适当地调低送风温度。

第10章 汽包锅炉给水自动控制

　　锅炉设备的控制任务是根据生产负荷的需要,供应一定压力或温度的蒸汽,同时使锅炉在安全、经济的条件下运行。锅炉是一个较复杂的调节对象,有多个输入量和输出量,并且各量之间互相关联。例如当汽包锅炉负荷变化时,它的蒸汽压力、温度、汽包水位、锅炉水中的含盐量等都会改变。而当调节某一量时,也会影响到其他被调量,如当改变燃料量时,蒸汽压力、温度、汽包水位、空气量和炉膛负压等也都会改变。对于这样复杂的对象,要实现理想的控制是困难的,为此,在工程上做一些简化,把锅炉看成是由几个相对独立的被控对象组成,并按照控制要求,将锅炉控制转化为若干个相对独立的控制系统。汽包锅炉主要的控制系统如下:

　　(1)给水控制系统。汽包锅炉的给水控制即汽包水位控制,被控量是汽包水位,操纵量是给水流量。给水调节的任务有两个:保持汽包内部物料平衡,使给水量适应锅炉的蒸发量,维持汽包水位在工艺允许的范围内;保持稳定的给水量。

　　(2)燃烧控制系统。主要是在满足负荷需要的情况下,保证燃烧的经济性,并使引风量与送风量相适应,以保证炉膛负压稳定。燃烧控制系统有三个子系统:

　　1)燃料量控制系统。以燃料量为操纵变量,主蒸汽压力为被控变量,通过调节进入炉膛的燃料量,维持主蒸汽压力的稳定。

　　2)送风控制系统。以送风为操纵变量,烟气含氧量为被控变量,通过调节进入炉膛的送风量,使烟气含氧量达到设定的最佳值,保证燃料燃烧所需的空气量和燃烧过程的经济性。

　　3)炉膛负压控制系统。以引风量为操纵变量,炉膛压力为被控变量,通过调节引风量维持炉膛压力的稳定。

　　(3)过热蒸汽温度控制系统。被控变量为过热蒸汽温度,操纵变量为减温器的喷水量,以保证管壁温度不超过允许的温度上限。过热蒸汽温度过高会危及过热器水管及负荷设备的安全,温度过低又会影响负荷设备的使用及其效率,因此必须保证过热蒸汽温度在规定的范围。

　　本章主要讲述汽包锅炉给水控制。汽包水位是汽包锅炉运行中一个非常重要的监控参数,保持汽包水位在一定范围内是保证汽包锅炉安全运行的首要条件。锅炉汽包水位间接反映了锅炉蒸汽负荷与给水量之间的平衡关系,汽包水位过高,会影响汽包汽水分离装置的正常工作,造成出口蒸汽水分过多,使过热器管壁结垢,导致过热器烧坏,同时还会使过热蒸汽温度产生急剧变化,若过热蒸汽被用户用来带动汽轮机,则直接影响汽轮机组运行的安全性和经济性;汽包水位过低,可能导致锅炉水循环破坏,引起水冷壁供水不足而烧坏,甚至引起爆炸。因此必须对汽包水进行严格的控制。同时,在给水控制中,还应保持给水流量稳定。保证给水流量稳定对于省煤器和给水管道的安全运行具有极大意义,在负荷不变时,给水流量不应该出现一会过大、一会过小的剧烈波动。负荷变化时,在调节过程中上述两个任务往往是互相矛盾,例如,为了提高水位的稳定性,往往会使给水流量在调节过程中因打开、关闭而且动作频繁。因此,要全面考虑,不能片面追求水位指标而不顾给水流量的剧烈波动。

10.1 给水控制对象的动态特性

锅炉汽水系统示意图如图 10-1 所示,汽包水位是由汽包中的储水量和水面下的气泡容积所决定的,因此凡是引起汽包中贮水量变化和水面下的气泡容积变化的各种因素都是给水控制对象的扰动。其中主要的扰动有给水流量 q_W、锅炉蒸发量 q_D、汽包压力和炉膛负荷等。给水控制对象的动态特性是指上述引起水位变化的各种扰动与汽包水位 H 间的动态关系。

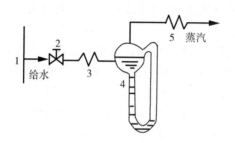

图 10-1 给水调节对象结构示意图

1—给水母管;2—给水调节阀;3—省煤器;4—汽包及水循环;5—过热器

1. 给水流量扰动下水位的动态特性

给水流量是调节机构所改变的控制量,给水流量扰动是来自控制侧的扰动,又称内扰。给水流量扰动下水位的阶跃响应曲线如图 10-2 所示。

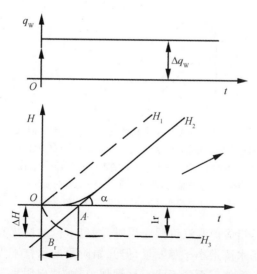

图 10-2 给水流量阶跃扰动下的水位响应曲线

W—给水流量;Δq_W—给水流量扰动量;H—汽包水位

当给水流量阶跃增加 q_W 后,水位的变化如图 10-2 中曲线 H_2 所示。水位控制对象的动态特性表现为有惯性的无自平衡能力的特点。在给水流量突然增加后,给水流量大于蒸发量,但是由于给水温度低于汽包内饱和水的温度,给水吸收了原有饱和水中的部分热量使水面下气泡容积减小,所以扰动初期水位不会立即升高。当水面下气泡容积的变化过程逐渐平衡时,水位就反映出由于汽包中储水量的增加而逐渐上升的趋势,最后当水面下气泡容积不再变化时,由于进、出工质流量不平衡,水位将以一定的速度直线上升。

图 10-2 中,曲线 H_1 为不考虑水面下气泡容积变化,仅考虑物质不平衡时的水位反应曲线,为积分环节的特性。曲线 H_3 为不考虑物质不平衡关系,只考虑给水流量变化时水面下气泡容积变化所引起的水位变化,可认为是惯性环节的特性。在给水流量扰动下,实际的水位变化曲线 H_2 可以认为是曲线 H_1 和 H_3 的合成。

2.蒸汽流量扰动下的水位动态特性

蒸汽流量扰动主要来自负荷的变化,属外部扰动。在蒸汽流量 q_D 扰动下水位变化的阶跃响应曲线如图 10-3 所示。

当蒸汽流量突然阶跃增大时,由于汽包水位对象是无自平衡能力的,这时水位应按积分规律下降,如图 10-3 中 H_1 曲线所示。但是当锅炉蒸发量突然增加时,汽包水下面的气泡容积也迅速增大,即锅炉的蒸发强度增加,从而使水位升高,因蒸发强度的增加是有一定限度的,故气泡容积增大而引起的水位变化可用惯性环节特性来描述,如图 10-3 中曲线 H_2 所示。实际的水位变化曲线 H 为 H_1 和 H_2 的合成。

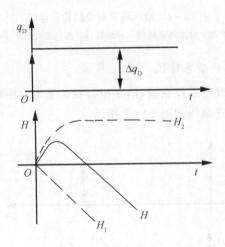

图 10-3 蒸汽流量阶跃扰动下的水位响应曲线

D—给水流量;Δq_D—给水流量扰动量;H—汽包水位;
H_1—不考虑水面下气泡容积变化的汽包水位变化理论曲线;
H_2—给水流量突然增大是的汽包水位变化曲线;
H—给水过冷度引起的汽包水位变化理论曲线

由图 10-3 可以看出,当锅炉蒸汽负荷变化时,汽包水位的变化具有特殊的形式:在负荷突然增加时,虽然锅炉的给水流量小于蒸发量,但开始阶段的水位不仅不下降,反而迅速上升(反之,当负荷突然减少时,水位反而先下降),这种现象称为"虚假水位"现象。这是因为在负荷变化的初始阶段,水面下气泡的体积变化很快,它对水位的变化起主要影响作用的缘故,因此水位随气泡体积增大而上升。只有当气泡容积与负荷适应而不再变化时,水位的变化就仅由物质平衡关系来决定,这时水位就随负荷增大而下降,呈无自平衡特性。

上述蒸汽流量扰动下的水位控制对象动态特性,只是从蒸发强度变化对汽泡容积的影响方面定性地说明水位变化的特点,汽压变化也会影响到水面下气泡的体积变化,所以实际的虚假水位现象会更严重些,虚假水位的变化大小与锅炉的工作压力和蒸发量等有关。对于一般 $100 \sim 300$ t/h 的中高压锅炉,当负荷变化 10% 时,虚假水位可达 $30 \sim 40$ mm。虚假水位现象属于反向特性,会给控制带来一定的困难。

10.2　给水自动控制系统

10.2.1　单冲量控制系统

单冲量控制系统即汽包水位单回路水位控制系统,如图 10-4 所示是典型的单回路控制系统的原理图及方框图。这里的冲量指的是变量,单冲量即汽包水位。这种控制系统结构简单,对于汽包内水的停留时间长、负荷变化小的小型锅炉,单冲量水位控制系统可以保证锅炉安全运行。

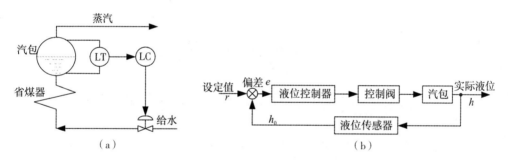

图 10-4　汽包锅炉给水单冲量控制系统
(a)单冲量给水控制系统原理图;(b)单冲量给水控制原理方框图

锅炉汽包水位单冲量控制方案存在以下几个问题:

(1)当负荷变化产生虚假水位时,将使控制器反向错误动作。例如蒸汽负荷突然大幅度增加是,虚假水位上升,此时控制器不但不能开大给水阀,增加给水量,反而应关小控制阀,减少给水量,等到虚假水位消失。由于蒸汽量增加,送水量反而减少,将使水位严重下降,波动强烈,严重时甚至会使汽包水位降到危险程度而发生事故。因此这种系统克服不了虚假水位带来的严重后果。

(2)对负荷变化不灵敏。负荷变化后,需要引起汽包水位变化后才引起控制作用,由于控制缓慢,所以控制质量下降。

(3)对给水干扰不能及时克服。当给水系统出现扰动时,同样需要等水位发生变化时才起控制作用,干扰克服不及时。

为了克服上面三个问题,除了依据汽包水位变量以外,也可依据蒸汽流量和给水流量的变化来控制给水阀,从而获得良好的控制效果,这就产生了双冲量和三冲量水位控制系统。

10.2.2 双冲量控制系统

针对单冲量控制系统不能克服假水位的影响,如果根据蒸汽流量作为校正信号,就可以纠正虚假水位引起的误动作,而且也能提前发现负荷的变化,从而大大改善控制品质。

将蒸汽流量作前馈调节信号引入,就构成了双冲量控制系统,如图 10-5 所示是典型的双冲量控制系统的原理图及方框图。双冲量控制系统实质上是一个前馈(蒸汽流量)加单回路反馈控制的前馈-反馈控制系统。

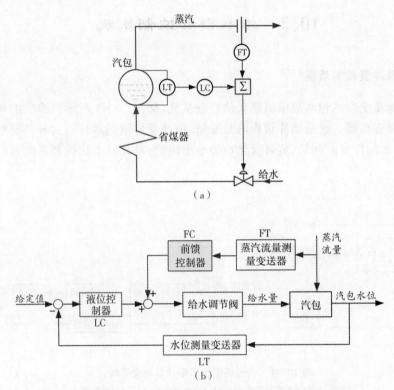

图 10-5 汽包锅炉给水双冲量控制方案

(a)双冲量给水控制系统原理图;(b)双冲量给水控制系统方框图

10.2.3 三冲量控制系统

双冲量控制系统对于单冲量控制系统存在的三个问题中的第三个问题:对给水干扰不能及时克服,同样不能解决。给水压力是波动的,为了稳定给水量,应考虑将给水量信号作为反馈信号,用于及时消除内扰。为此把给水流量信号引入,构成三冲量控制系统。为保证给水系统的安全可靠,目前汽包锅炉的给水自动控制普遍采用三冲量给水自动控制系统。

1. 单级三冲量给水自动控制系统

汽包锅炉给水单级三冲量控制原理方框图如图 10-6 所示。给水调节器接受汽包水位 H、蒸汽流量 q_w 和给水流量 q_D 三个信号,其输出通过执行机构去控制给水流量。其中 H 是给水系统的被调量,是主信号,当水位升高时,应减小给水量;当水位降低时应增加给水量,根据水位的变化调节给水流量组成一般的反馈控制系统。q_D 和 q_w 是引起水位变化的主要扰动。在控制系统中引入蒸汽流量为前馈信号和给水流量为反馈信号。这样组成的三冲量给水自动控制系统是一个前馈-反馈复合控制系统。当蒸汽流量增加时，调节器立即动作，相应地增加给水流量，从而减小或抵消了"虚假水位"现象使给水流量与负荷相反方向变化的趋势。当 H 变化或 q_D 变化引起调节器动作时，q_w 是调节器动作的反馈信号。当给水流量自发生变化时，调节器也能使调节机构立即动作，使给水量迅速恢复到原来的数值，从这个意义上讲，给水流量信号还起着前馈作用。所以 q_w 在三冲量给水控制系统中，既有反馈信号的作用，同时对给水流量的扰动来说，又具有前馈信号的作用。由于此信号处于系统内回路之中，所以常常按反馈信号处理。

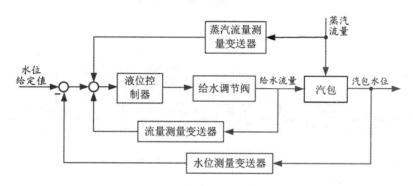

图 10 - 6　汽包锅炉给水单级三冲量控制原理方框图

2. 串级三冲量给水自动控制系统

为进一步提高控制质量，三冲量给水控制系统也可以用串级控制系统的方式实现，其系统如图 10 - 7 所示。与单级三冲量给水控制系统系统相比，它有主副两个调节器。主调节器，即水位控制器采用 PI 控制规律，以保证水位无静态偏差。副调节器，即流量控制器接受主调节器输出、给水量和蒸汽流量信号，一般采用 P 控制规律，其作用主要是通过内回路进行蒸汽流量和给水流量的比值调节，并快速消除来自给水测的扰动。

与单级三冲量给水控制系统系统相比，其给水控制任务由两个调节器来完成。串级系统主、副调节器的任务不同，副调节器的任务是用以消除给水压力波动等因素引起的给水流量的自发性扰动以及当蒸汽负荷改变时迅速调节给水流量，以保证给水流量和蒸汽流量平衡；主调节器的任务是校正水位偏差。这样，当负荷变化时，水位稳定值是靠主调节器来维持的，并不要求进入副调节器的蒸汽流量信号的作用强度按"静态配比"来进行整定。恰恰相反，在这里可以根据对象在外扰下虚假水位的严重程度来适当加强蒸汽流量信号的作用强度，从而改变负荷扰动下的水位控制品质。可见，串级三冲量系统比单级三冲量系统的工作更合理，控制品质更好。

应该指出，并不是所有锅炉都应采用三冲量给水控制系统。对于低参数小型锅炉，由于其水容量大，虚假水位不是十分严重，一般采用单冲量（水位）控制系统即可满足要求，这种系统结构简单，运行可靠。对于虚假水位较严重的中、小型锅炉，也可采用双冲量（水位和蒸汽流量）给水控制系统，但由于没有给水信号，不能迅速消除给水扰动。

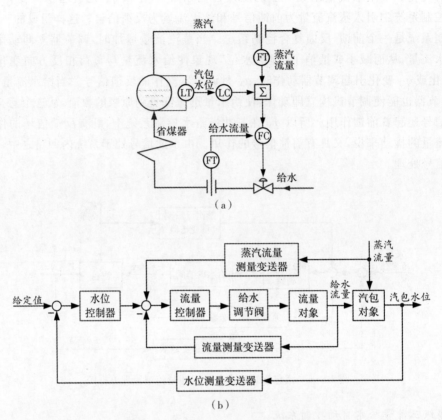

图 10-7 串级三冲量给水控制系统

(a)串级三冲量给水控制系统原理图;(b)串级三冲量给水控制原理方框图

参 考 文 献

[1]　郑辑光,韩九强,杨清宇.过程控制理论[M].北京:清华大学出版社,2012.

[2]　胡寿松.自动控制原理[M].6版.北京:科学出版社,2013.

[3]　俞金寿,孙自强.过程自动化及仪表[M].北京:化学工业出版社,2009.

[4]　孙洪程,翁维勤,魏杰.过程控制系统及工程[M].北京:化学工业出版社,2011.

[5]　刘红波,袁德成,邹涛,等.过程控制系统[M].北京:科学出版社,2019.

[6]　林日亿.热工系统自动控制[M].北京:中国石油大学出版社,2013.

[7]　李玉云.建筑设备自动化[M].北京:机械工业出版社,2019.

[8]　张少军,王亚慧,周渡海,等.变风量空调系统及控制技术[M].北京:中国电力出版社,2015.

[9]　曹晴峰.建筑设备自动化[M].北京:中国电力出版社,2013.

[10]　张子慧.热工测量与自动控制[M].北京:中国建筑工业出版社,2015.

[11]　江亿,姜子炎.建筑设备自动化[M].北京:机械工业出版社,2007.

[12]　安大伟.暖通空调自动化[M].北京:机械工业出版社,2009.

[13]　李洁.热工测量及控制[M].上海:上海交通大学出版社,2010.

[14]　丁轲轲.热工过程自动调节[M].2版.北京:中国电力出版社,2010.

[15]　边立秀,周俊霞,赵劲松,等.热工控制系统[M].北京:中国电力出版社,2012.

[16]　刘武林.锅炉热力过程控制系统[M].北京:中国电力出版社,2015.

[17]　陈详光,孙玉梅,吴磊,等.自动控制原理及应用[M].北京:清华大学出版社,2012.

[18]　赵天怡.空调冷冻水系统变压差设定值优化控制方法[D].哈尔滨:哈尔滨工业大学,2009.